第七届全国高等美术院校建筑与环境艺术设计专业教学年会

地域特色

建筑与环境艺术设计专业教学成果作品集

■ 毕业设计

主编 张梦

下

中国建筑工业出版社

全国高等美术院校
建筑与环境艺术设计专业
教学年会简介

National Institutions
of Higher Art Architecture and Environmental
Art Design Teaching Experience

建筑与环境艺术专业教学成果作品展主办单位

中央美术学院
中国建筑工业出版社
海南师范大学

建筑与环境艺术专业教学成果作品展承办单位
海南师范大学 美术学院

主编：张 梦

编委会主任：张惠珍 吕品晶

编委：马克辛 王海松 苏 丹 李东禧 吴 昊
吴晓琪 赵 健 唐 旭 黄 耘 彭 军
傅 祎（编委按姓氏笔画排序）

前言
Forward

历经了六届"全国高等美术院校建筑与环境艺术设计专业教学年会"的积累,第七届年会终于花落美丽的国际旅游岛——海南,这同时也是地方师范类院校承办如此高规格学术教学年会的开端,本届年会能够顺利地召开并产生一系列成果,离不开中国建筑工业出版社以及前六届承办单位——中央美术学院、浙江理工大学、上海大学、四川美术学院、西安美术学院、天津美术学院等兄弟院校的多年支持与不懈努力。

2010年由海南师范大学美术学院承办的第七届"全国高等美术院校建筑与环境艺术设计专业教学年会"的主题为"地域特色设计教学的研究与发展",同时举办"地域特色——建筑与环境艺术设计专业教学成果邀请展",旨在对全国建筑与环境艺术设计专业的毕业设计与课程设计展开深层次的研讨和教学成果的交流,以期对专业教学工作提供一定的帮助与促进。本次第七届年会出版的《地域特色 建筑与环境艺术设计专业教学成果作品集》,希冀为教师授课与学生学习提供一定的参考与辅助。

本年会共收到来自全国近50所高等院校建筑与环境艺术设计专业学生的389件作品,其中包括基础课程、设计课程和毕业设计三大类。经过年会组委会评委的不记名评选,评出119件优秀作品入选此次展览,并结集出版这本《地域特色 建筑与环境艺术设计专业教学成果作品集》,这是年会七年来成果的延续和升华,也是七年来参加和支持年会的广大教师和学生们不懈努力的结晶。

本作品集根据设计内容不同共分为四类作品,分别是"建筑设计"、"室内设计"、"景观设计"和"基础课程"。这些作品的表现形式丰富,除手绘、电脑效果图等形式外,还有模型制作、实物制作等一系列极富创意的手法,风格多样,让我们感受到了不同地域特征下的建筑与环境艺术设计的多种形式、理念。

长期以来,国内的建筑设计与环境艺术设计对于地域性所彰显出的独特风格在不断地探索与努力,广州美术学院赵健教授在《交互的当代性与地域性》一文中就对地域性的概念与意义进行了充分的阐释。本届年会的优秀作品都能够将各自独具的地域性风格表现得淋漓尽致,他们通过对不同区域内地貌、植被、气候以及诸多地域元素的深刻体会与挖掘,结合区域居住者的客观实际需求,描绘出了一幅幅极具人性化的设计作品。细细观赏此次参展作品,虽然有些作品的表现手法略显稚嫩,但相信凭借今日之盛会,加之师生们的不断努力与提高,他们必将成为行业的中坚力量——我们热切地期待这一天的早日到来。

"全国高等美术院校建筑与环境艺术设计专业教学年会"在一片灵动的自然感召下,发挥和扩散其独具魅力的影响。年会着眼全国建筑与环境艺术设计专业的教学领域,用颇有成效的年会成果展,提升年会在专业领域内举足轻重的窗口地位,并将影响力一届一届地传递下去。

本届年会《地域特色 建筑与环境艺术设计专业教学成果作品集》的出版,要特别感谢中国建筑工业出版社的大力支持以及全国高等美术院校建筑与环境艺术设计专业教学年会组委会评委们的辛勤工作;衷心感谢全国众多兄弟院校的积极参与和支持,衷心感谢参与本届年会的会务工作人员。并祝愿下届年会办得更加精彩,建筑与环境艺术设计专业的建设与发展蒸蒸日上。

张梦

海南师范大学美术学院 院长 教授

2010 年 10 月 15 日

目录 Contents

Forward｜前　言	004-005
Review Site｜评审现场	008-010
Media Interview｜媒体采访	011
Jury List｜评委会名单	012-015
Winners List｜获奖作品名单	016-020
Graduate Design Category Works｜毕业设计类作品	023-270
景观设计	025-107
建筑设计	109-183
室内设计	185-270

评审现场
Review Site

评委会集体照

终评现场

评审现场

评审预备会议

010/评审现场

媒体采访
Media Interview

评委会名单（评委按姓氏笔画排序）
Jury List

马克辛 (辽宁)
鲁迅美术学院环境艺术系主任 / 教授

王海松 (上海)
上海大学美术学院建筑系主任 / 教授

吴 昊 (西安)
西安美术学院环境艺术系主任 / 教授

吴晓其 (浙江)

中国美术学院建筑艺术学院副院长 / 教授

李东禧 (北京)

中国建筑工业出版社第四图书中心
主任 / 副编审

苏 丹 (北京)

清华大学美术学院环境艺术系主任 / 教授
国际环境艺术协会常务理事

赵 健 (广州)

广州美术学院副院长 / 教授

唐 旭 (北京)

中国建筑工业出版社第四图书中心 副编审

黄 耘 (四川)

四川美术学院建筑艺术系主任 / 教授

傅 祎 (北京)
中央美术学院系建筑学院副院长 / 教授
国际环境艺术协会常务理事

彭 军 (天津)
天津美术学院设计艺术学院副院长 环境艺术系主任 / 教授

第七届全国高等美术院校建筑与环境艺术设计专业教学年会

获奖作品名单
Winners List

基础课程类作品

	作品名称	作品作者	作者院校	指导教师
银奖				
	艺术考察课程——英国传统建筑速写	彭奕雄	天津美术学院	赵酒龙、鲁睿
	环境艺术设计色彩构成综合训练	鲁迅美术学院环艺系	鲁迅美术学院	马克辛、卞宏旭
	美术造型基础课	黄恺妮、陈华元、侍海山、吕思训、蒋凯、牛瑛、李嘉漪、吴斌、支小咪	上海大学美术学院	王冠英、许宁、李剑
	建筑通用构造——清代垂花门构造设计模型山西五台、山佛光寺大殿模型、法国里昂国际机场航站楼主体建筑、模型、安徽明代民居构造设计模型	杨晓东、韩野、李正山、孙胥、王真、郭旭、崔家华、唐仕霞、冉岩、于茜	鲁迅美术学院	施济光、李江
铜奖				
	设计素描——机械物形态分析与造型训练2	周玉香、王瑞、郭美村	苏州大学金螳螂建筑与城市环境学院	徐莹
	立体构成——肌理变化课题训练、形式变化课题训练、框架结构课题训练、形态结构课题训练	崔雅伦、王小雨、周晨橙、王雨淇、佟赛男、孙婧雯、邵玲惠、鞠晓庆、胡曲咏、朱若源	鲁迅美术学院	文增著
	美术造型基础课	苏圣亮	上海大学美术学院	王冠英、许宁、李玲
	湖北红安陡山村吴家祠堂传统建筑装饰测绘	罗子荃	华中科技大学建筑与城市规划学院艺术设计系	辛艺峰、傅方煜
	创新造型元素、调配材质表现、规范美学法则相结合的立体构成课程教学研究	孙莉、辛龙、孙延培、郭永标、康菲、任秉健、曲婷婷、韩雪、李帅、张赫澄	东北大学艺术学院	张娇
优秀奖				
	立方体再生——环境艺术设计专业立体构成专题训练	何昌邦、张璇哲、戴方敏、龙汇颖、周建建、王欣、谢玄晖、岳鑫、谭廷超	北方工业大学艺术学院	张杞峰
	建筑构成	黄玉琴、陈添华、陈锐青	顺德职业技术学院设计学院	周彝馨
	人形高凳	荆潇潇、胡游柳	清华大学美术学院	苏丹、于历战、邵帆
	寻找形态	石俊峰	清华大学美术学院	梁雯
	乡土建筑与民居考察	吴华银、蒋博雅、刘伟、冯胜男、吴雪斐、王清相	四川美术学院	黄耘、周秋行
	对《文化苦旅》——《道士塔》一文的空间阅读	权新月	苏州大学金螳螂建筑与城市环境学院	汤恒亮
	室内设计色彩	绪杏玲	苏州大学金螳螂建筑与城市环境学院	许光辉

作品名称	作品作者	作者院校	指导教师
设计素描——机械物形态分析与造型训练1	张 俊	苏州大学金螳螂建筑与城市环境学院	徐莹
设计素描——机械物形态分析与造型训练4	郭美村、符明桃	苏州大学金螳螂建筑与城市环境学院	徐莹
民族艺术考察——测绘——王宅	徐晨晨、吴舒婷、刘玮玮、杨媛媛、吕 坤、陈学实、潘雄华	江南大学设计学院	吕永新
民族艺术考察——测绘——赵宅	田 心、冼 丹、李 双、张 跃	江南大学设计学院	吕永新
平遥古城小寺庙遗址保护基础上的延伸设计	乞丽丽	南开大学	谢朝
曲线透视	高 宇	南开大学	周青
综合媒材"异形"	李 莹	南开大学	高迎进
综合媒材"蚀"	高 宇	南开大学	高迎进

设计课程类作品

	作品名称	作品作者	作者院校	指导教师
景观设计				
银奖				
	遂圆绿竹	黄礼刚	四川美术学院	王平妤
	海口骑楼老街中山路改造方案	孙磊明、孙慧妍、孟岩军	海南师范大学美术学院	张引、凌秋月
	公共艺术	李金蔚	中国美术学院	吴嘉振
铜奖				
	金田精密仪器厂废弃空间景观再生设计方案	赵 娟、张彤彤	攀枝花学院艺术学院	姜龙、蒲培勇
	福州茶亭公园景观设计	陈 晶	福建师范大学美术学院	毛文正、张斌、郭希彦
	海口假日海滩改造方案——概念创意	孙建兵、陈振山、杜洪波	海南师范大学美术学院	张引、凌秋月
建筑设计				
金奖				
	杭州西溪湿地低碳技术展览馆设计	孟璠磊、赖钰辰、苏冲	北京交通大学建筑与艺术系	高巍、姜忆南
银奖				
	纸板建筑设计建造	蔡远骅、高毓钺、李嘉漪、梁 力、沈如玥、王舒展、王乙平、徐梦婷、俞琰泠、张 青、支小咪、周艾然、周卓琦	上海大学美术学院	莫弘之、柏春
	南海度假岛	商建磊	海南师范大学美术学院	张引、凌秋月
铜奖				
	广州美术学院艺术交流中心	陈 鹏、符 智、钟文标、何丽佳、叶栋梁	广州美术学院	王中石、李小霖、陈瀚

作品名称	作品作者	作者院校	指导教师

优秀奖

作品名称	作品作者	作者院校	指导教师
The Urban Chloroplast城市叶绿体旭阳焦化厂生态办公综合体设计方案	王 辰	北京建筑工程学院	刘临安、杨琳
打望儿	刘 旭	四川美术学院	王平妤
杭州西溪湿地低碳技术展览馆设计	张 哲、梁 双、周靖怡	北京交通大学建筑与艺术系	高巍、姜忆南
杭州西溪湿地低碳技术展览馆设计	刘思齐、刘冬贺、吴 非、汪凝琳	北京交通大学建筑与艺术系	姜忆南、高巍
北京古太液池地段居住区规划设计	梁 双、周靖怡、赖钰辰、汪凝琳	北京交通大学建筑与艺术系	高巍、姜忆南
枕着清风入眠——香山宾馆方案设计	吴芳菲	北京建筑工程学院	杨琳

室 内 设 计

金 奖

银 奖

作品名称	作品作者	作者院校	指导教师
韵	周敏菲	广东轻工职业技术学院	彭洁、周春华

作品名称	作品作者	作者院校	指导教师
"竹影清风"——水吧	陈永光、周 鹏	重庆教育学院美术系	涂强、蒋波
云蒙山庄会馆设计方案	韩志国	山东工艺美术学院	马庆

铜 奖

作品名称	作品作者	作者院校	指导教师
橙果设计DEM办公空间设计	金 欣	东南大学建筑学院环境艺术设计系	赵军
北洋园图书馆室内设计	张玉龙、马 倩	天津城市建设学院	慕春暖、高宏智
攀枝花美术馆室内设计方案	颜明春、班晓娟	攀枝花学院艺术学院	姜龙、宋来福

优秀奖

作品名称	作品作者	作者院校	指导教师
"岸芷汀兰"	曾丽芬	广西生态工程职业技术学院	韦春义、肖亮
旧建筑改造—环境艺术设计研究所设计方案	罗均芳、班晓娟	攀枝花学院艺术学院	姜龙、宋来福
"歪"理"斜"说	陈思聪	河北科技师范学院	代峰
空间概念设计课程	于渊涛、唐 晨、张冬莹、左家兴等	天津美术学院	都红玉、王星航
旋意—低碳住宅设计	宋佳冰、潘 伟、张 敏、何方静	中国美术学院艺术设计职业技术学院	陈琦
Google 办公空间设计	李 悠	东南大学建筑学院环境艺术设计系	赵军
纯一低碳住宅设计	徐雪薇、林 涛、虞凯彬	中国美术学院艺术设计职业技术学院	陈琦
走进"勐巴娜西"·昆像大酒店室内设计	许 荣、张圆斌	西南林业大学木质科学与装饰工程学院	郑绍江、徐钊、朱明政
百花洲二十三号院	赵春刚	山东工艺美术学院	李文华
家具设计	王莎莎、于雅婧	中国美术学院	张天臻
忆粤	何敏仪	广东轻工职业技术学院	彭洁、周春华
快捷酒店设计之剧情空间	王 莹、李 欢	东北大学艺术学院	周丽霞
快捷酒店设计之色彩情节	徐伟玲	东北大学艺术学院	周丽霞
泰山桃花峪游人中心	巴亮亮	山东工艺美术学院	张震

毕业设计类作品

作品名称	作品作者	作者院校	指导教师
景观设计			
金 奖			
凸显·调和——杭州创新创业新天地景观设计	林晨辰、方 泓、郭 辰、金俊丹、陈威韬、顾旭建、杨清清、唐洁华	中国美术学院艺术设计职业技术学院	黄晓菲
银 奖			
融城·融山·融水——杭州创新创业新天地景观设计	韦杰航、易瑾、陈岑、沈煜磊、沈燕华、王慧琳	中国美术学院艺术设计职业技术学院	黄晓菲
时光漫步——南通唐闸工业遗址景观设计	吴 尤、毛晨悦	清华大学美术学院	苏丹、郑宏、于历战
绿色渗透——江南船厂的生态恢复与改造	成旺蛰	中央美术学院	丁圆
铜 奖			
漫川关古镇保护规划设计	马思思、杜季月、成 垚、崔 宇	西安美术学院	李建勇
清华美院社区式交流环境设计	刘晓静	清华大学美术学院	张月、刘东雷
禅——泉城公园南花廊改造	李玮琦、杜婧文	山东工艺美术学院	张阳
广州城中村民居改造设计	陈祉晔	华南农业大学艺术学院	刘源
异域广角——天津第一热电厂建筑景观创意园	吴尚荣、任 砚	天津美术学院	彭军、高颖
优秀奖			
四川省绵竹市清道社区重建规划设计方案	李 明、金江铭	湖北师范学院美术学院	谢欧、戴菲
锦源竹里——上海余山老年人疗养康复中心	万 琦、刘盈含、王一茗	天津美术学院	朱小平、孙锦
厦门国际佛教文化博览城——一期·三圣殿	张俊龙、陈艳冰、张雯静	天津美术学院	李炳训、侯熠
"记忆彼岸"——山东省日照市海洋变化体验岛	王冠强、高君凤、陈 愉	天津美术学院	彭军、高颖
Open——顺德港概念规划设计	孙楚文	顺德职业技术学院设计学院	周峻岭、谢凌峰
天津海河外滩码头广场景观设计	杨 静	天津城市建设学院	张大为、高宏智、余娴
轮回+空间=?——庭院般度假庄园规划设计	罗进苗、陈 三	广东轻工职业技术学院	彭洁、周春华
线性规则在景观模式中的探讨——深圳大学南校区校园景观规划设计	关芥猛	深圳大学艺术设计学院	蔡强
沈阳长白桥室内外休闲空间环境设计	问春宁	沈阳建筑大学设计艺术学院	迟家琦
中国西部国际艺术城——西安美术学院新校区景观规划设计	王俊杰、张晓博、李琳鹏、曲朝辉	西安美术学院	李建勇
西安浐灞桃花潭景区公园规划设计	陈 晨、廖新民、何 剑、刘 瑞	西安美术学院	吴昊
基于自然之上的人工——北塘国际商务会议中心及其景观规划设计	王成业	中央美术学院	王铁
广州同泰路段——亚运主题公园景观设计方案	刘晓静、白世龙、李 根、罗 佳	湖北师范学院美术学院	戴菲

作品名称	作品作者	作者院校	指导教师
建筑设计			
金奖			
后世博研究——宝钢大舞台再利用设计	章瑾	上海大学美术学院	王海松、谢建军
银奖			
四相混合——不同功能建筑的组合以及连续空间体验的创造	虞航	中央美术学院	六角鬼丈
十八梯片区建筑单体设计	王辰朝	四川美术学院	黄耘、周秋行
沈阳市标志性建筑与景观设计	阎明	鲁迅美术学院	马克辛、文增著、曹德利
铜奖			
广州气象科学中心	杨杏华、吴素平、叶建雄	广州美术学院	许牧川
下关江城—立体别墅社区设计	温颖华	中央美术学院	周宇舫、刘文豹、范凌
宝钢大舞台世博后改造	杨晨	中央美术学院	戒安
武陵山土家生态展览馆设计	宋良聘	四川美术学院	黄耘、周秋行
Fun City	郭晓丹、邝子颖、陈巧红	广州美术学院	杨岩、陈瀚、何夏昀
优秀奖			
3RESTAREA	黎振威、朱海峰、卢继洲	广州美术学院	杨岩、陈瀚、何夏昀
城市建筑及广场设计	曲国兴	鲁迅美术学院	施济光
北京西直门交通枢纽住宅整合设计	柴哲雄	北京交通大学建筑与艺术系	高巍、张育南
辽宁绥中海滨度假酒店建筑设计	姜腾	北京建筑工程学院	王光新
北京永安里主题酒店设计——Loft Hotel	崔琳娜	中央美术学院	王小红、丘志
Memories Slice (记忆切片)	卢俊歆	中央美术学院	程启明
对话——南京老城区旧城改造	曾旭	中央美术学院	程启明
室内设计			
金奖			
清华美院公共空间改造设计——交往空间层级设计方法应用	王晨雅	清华大学美术学院	张月、刘东雷
银奖			
艺度艺术中心公园——天津第一热电厂工业遗迹改造	张静、张越成、余刚毅	天津美术学院	彭军、高颖
BMCC改造项目室内方案设计——光之卵艺术中心	李贺	北京建筑工程学院	滕学荣
内化的自然——西藏巴松措度假村酒店SPA空间设计	刘菁	中央美术学院	傅祎、韩涛、韩文强
铜奖			
五塔寺长河汇古建改造——"游园惊梦"昆曲艺术活动中心	顾艳艳	中央美术学院	邱晓葵、杨宇、崔冬晖
攀枝花工业博物馆设计方案	钟佼腾、王越、张彤彤	攀枝花学院艺术学院	姜龙、宋来福
马里奥游戏体验中心	李颖宜	深圳职业技术学院	陈峥强、庞东明

奖项	作品名称	作品作者	作者院校	指导教师
	内蒙古馆展示设计	郝文凯	北方工业大学艺术学院	史习平
	BMCC改造项目室内方案设计——光之卵艺术中心	袁月	北京建筑工程学院	滕学荣
优秀奖	旧建筑改造——攀枝花美术馆设计方案	刘继桥、黄燕、吴羚毓	攀枝花学院艺术学院	姜龙、廖梅
	B-Shadow概念酒店设计	梁宗敏	深圳大学艺术设计学院	邹明
	汉字艺术文化展示中心	杨超	北方工业大学艺术学院	全进、李沙
	将原生态游牧式空间理念融入办公空间设计	李杨	北方工业大学艺术学院	周洪、陈健捷
	南安石脉快捷酒店室内空间改造设计	张卫海	福建工程学院建筑与规划系	薛小敏
	Green·Piece结合新产业开发区环境的沙龙式艺术馆设计	魏黎	天津大学建筑学院	邱景亮、陈学文
	白城子——窑洞生态酒店设计	徐小兵、齐维、田艳美	天津美术学院	朱小平、孙锦
	佛学——京杭运河大兜路段历史保护复建工程	项建福、刘荣倡、罗照辉、余巧利	中国美术学院艺术设计职业技术学院	孙洪涛
	香格里拉藏族——文化·旅游公交民族文化方案设计	邓文寿、陈伟亮	西南林业大学木质科学与装饰工程学院	李锐、夏冬、郭晶
	树影婆娑	李柱明	广东轻工职业技术学院	彭洁
	墨·意中国文化会所	肖菲	清华大学美术学院	郑曙旸、崔笑声
	前实践/设计研究/后实践	邹佳辰	中央美术学院	傅祎、韩涛、韩文强

毕业设计类 Graduate Design Category

作品 Works

景观设计

建筑设计

室内设计

景观设计

地域特色 | 建筑与环境艺术设计专业 | 教学成果作品集（下）

林晨辰、方泓、郭辰、金俊丹、陈威韬、顾旭建、杨清清、唐洁华／中国美术学院艺术设计职业技术学院　指导教师：黄晓菲
凸显·调和——杭州创新创业新天地景观设计　　　　　　　　　　　　　　　　　　　　　毕业设计类景观设计金奖

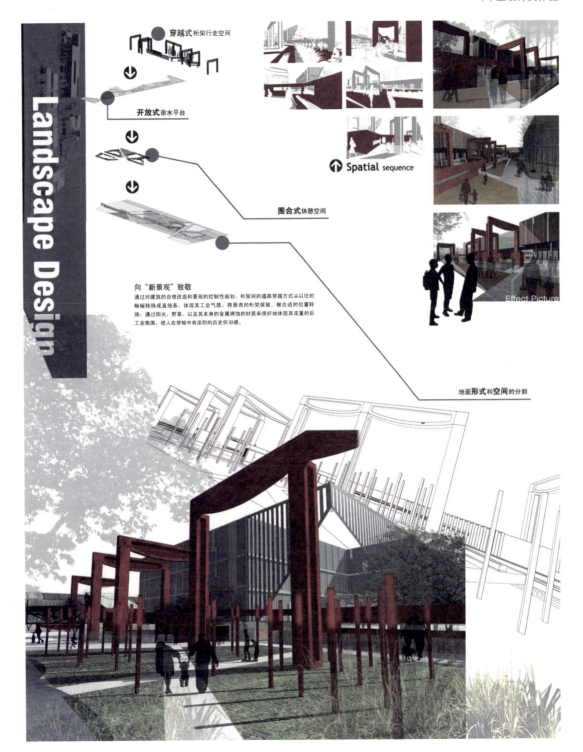

向"新景观"致敬

通过对景观的合理规划,有序地提升高降低绿化区域,增加绿色面积和绿色阴影,以减轻城市的热岛效应为主要的目的。

利用人工湿地和水生植物来净化水体,作为一种净化技术正日益受到关注。它可以包立丰富的生态和最小的环境输出,可以保护环境,具有运行费用低和令人满意的净化效率等特点,一个水生植物系统需要大量的区域,设计规格和维护方法,从而达到单位面积上的最适宜的优化效应。

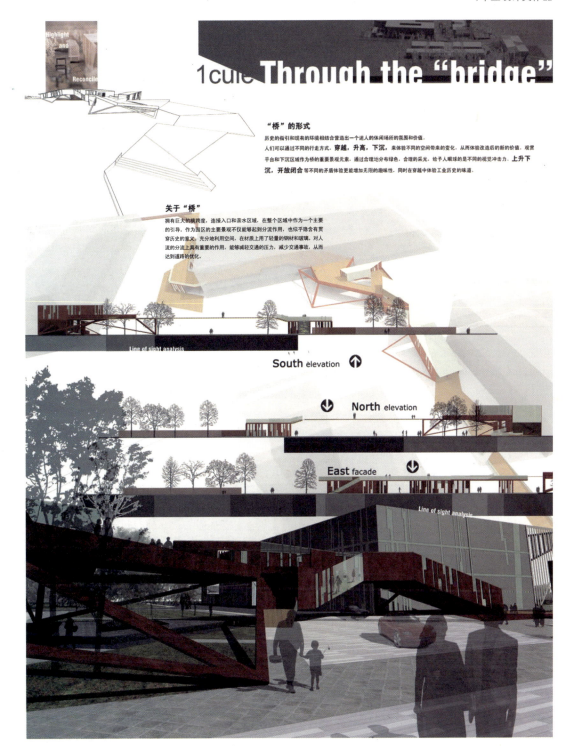

1cule Through the "bridge"

"桥"的形式

历史的指引和现有的环境相结合营造出一个迷人的体闲场所的氛围和价值。

人们可以通过不同的行走方式，**穿越，升高，下沉**，来体验不同的空间带来的变化，从两体验改造后的新的价值。观赏平台和下沉区域作为桥的重要景观元素，通过合理地分布绿色、合理的采光，给予人眼球的是不同的视觉冲击力。**上升下沉，开放闭合**等不同的矛盾体验更能增加无限的趣味性，同时在穿越中体验工业历史的味道。

关于"桥"

拥有巨大的横跨度，连接入口和亲水区域，在整个区域中作为一个主要的引导。作为园区的主要景观不仅能够起到分流作用，也似乎隐含有贯穿历史的意义。充分地利用空间，在材质上用了轻量的钢材和玻璃。对人流的分流上具有重要的作用，能够减轻交通的压力，减少交通事故，从而达到道路的优化。

Line of sight analysis

South elevation

North elevation

East facade

Line of sight analysis

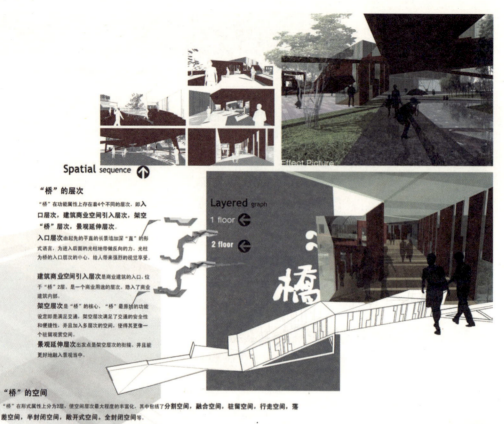

Spatial sequence ↑

"桥"的层次

"桥"在功能属性上存在着4个不同的层次，即入口层次，建筑商业空间引入层次，架空"桥"层次，景观延伸层次。

入口层次 由起先的平直的长景墙加深"直"的形式语言，为进入后面的光柱铺垫反向的力，光柱为桥的入口层次的中心，给人带来强烈的视觉享受。

建筑商业空间引入层次 是商业建筑的入口，位于"桥"2层，是一个商业用途的层次，隐入了商业建筑内部。

架空层次 是"桥"的核心，"桥"最原始的功能设定即是满足交通，架空层次满足了交通的安全性和便捷性，并且加入多层次的空间，使得其更像一个驻留观赏空间。

景观延伸层次 出发点是架空层次的衔接，并且能更好地融入景观当中。

"桥"的空间

"桥"在形式属性上分为2层，使空间层次最大程度的丰富化，其中包括了分割空间，融合空间，驻留空间，行走空间，落差空间，半封闭空间，敞开式空间，全封闭空间等。

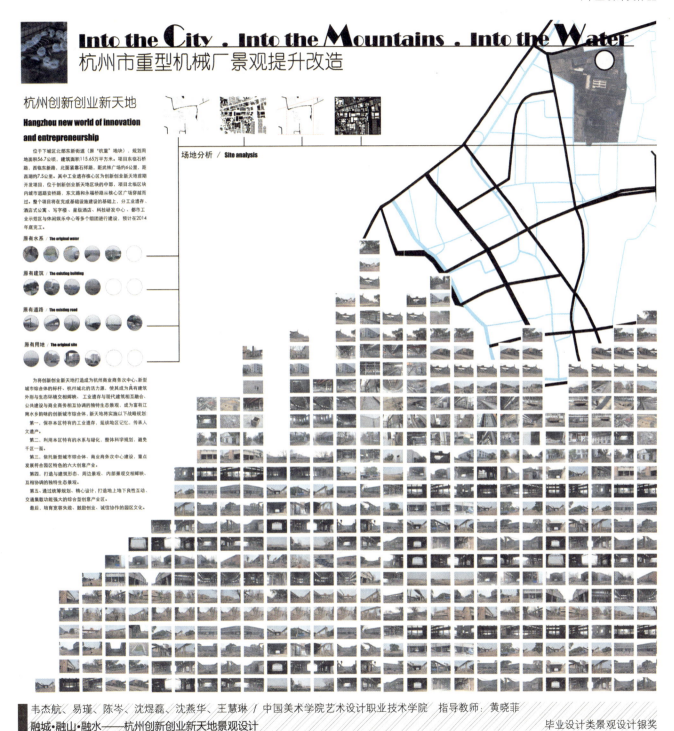

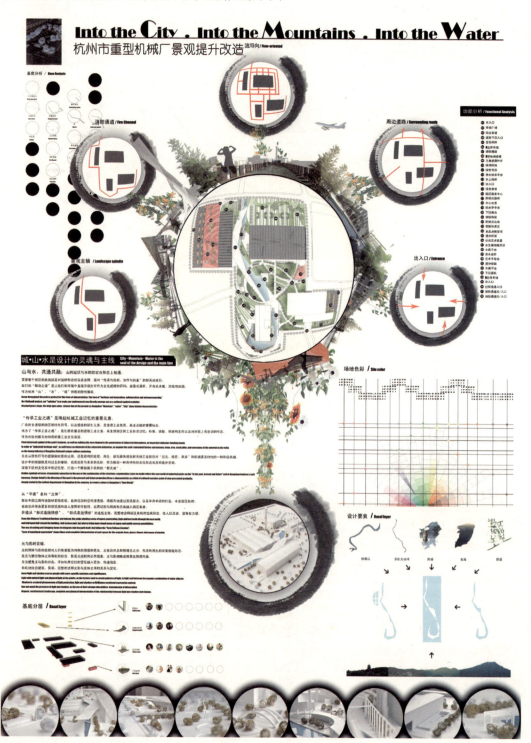

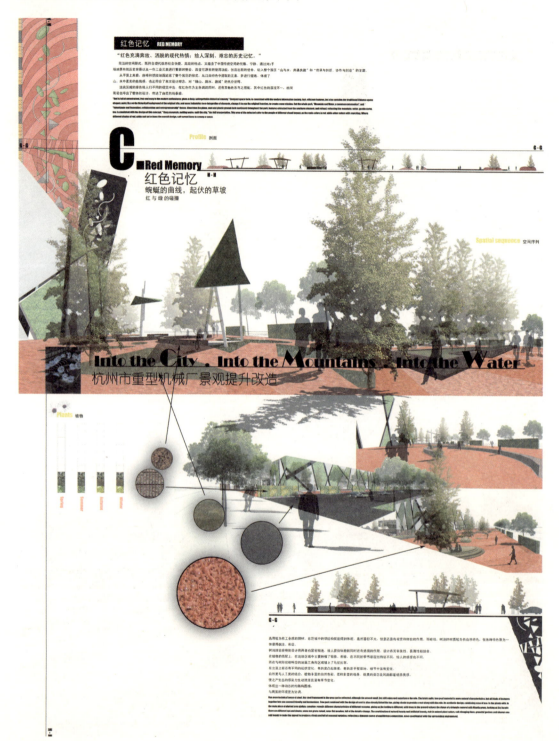

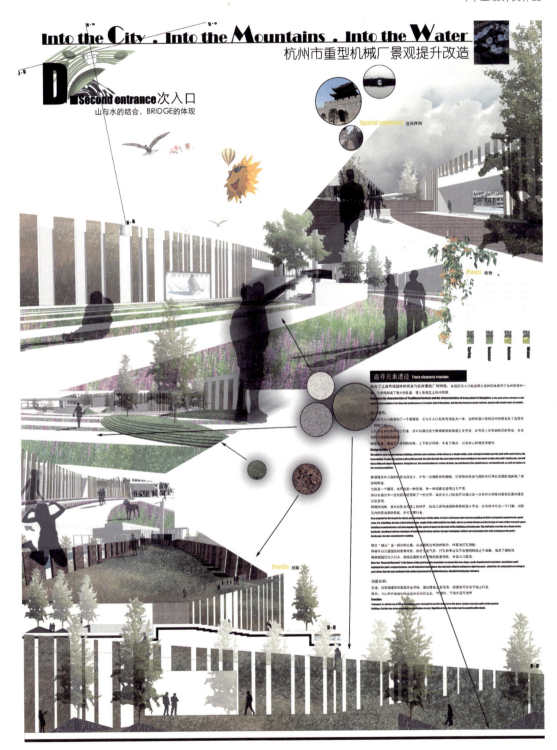

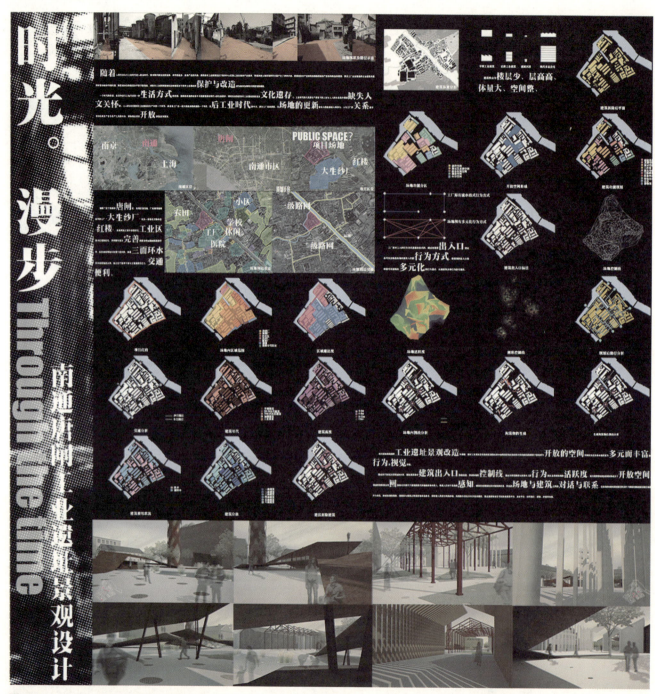

吴尤、毛晨悦 / 清华大学美术学院　指导教师：苏丹、郑宏、于历战
时光漫步——南通唐闸工业遗址景观设计

毕业设计类景观设计银奖

绿色渗透 Green infiltration
——江南船厂的生态恢复与改造

指导教师: 丁圆
学生姓名: 成旺蛰

鸟瞰图

导师简介:

丁圆,男,1970年2月生于江苏省无锡。

1992年毕业于苏州城建环保学院建筑系(现苏州科技学院),获工学学士学位。2003年在日本国立三重大学工学研究科,获工学博士学位(建筑学)。2004年完成日本国立三重大学博士后研究。曾任日本国立三重大学综合研究所研究员、工学研究科教学研究助教、日本(株)北川组建筑设计师等。2004年后任教中央美术学院建筑学院,副教授、景观设计专业负责人、教研室主任、第12工作室导师、硕士研究生导师。

现为中国建筑学会会员、日本建筑学会会员、中国科协流行色协会建筑环境色彩委员会委员,教育部高等学校艺术设计专业培训专家、高等教育出版社艺术教育特聘专家、北京联合大学师范学院艺术设计专家咨询会委员。

世博会场包括浦西部分和浦东部分,浦西部分跨越了卢湾区和黄浦区,浦东部分处于浦东新区内。世博园区横跨黄浦江,西接老上海,东接新上海;一边是历史积淀下来的带有传统老上海气质的旧城,一边是城市发展,改革开放的先锋区域。产生了2种城市肌理的碰撞,更利于其本身的吸收和发展。

导师点评:

在城市化无序扩张、土地功能频繁更替的今天,我们很少会顾及土地本身固有的自然属性和历史文化积累的承继,带来了环境破坏和认知的迷惘。上海世博会的强势介入和后世博的再次手术般革新,抹煞了工业文明的痕迹的同时,又再次抹煞了世博会聚起的新标志。该设计方案就是站在人与环境友好共生的前提下,传承原有工业文明与现今世博文明的双重价值,发挥土地固有的自然与社会属性。利用绿色渗透的理念,恢复黄浦江岸自然的生态模式,将绿色与城市紧密结合起来。利用船坞的工业印记和生产功能,展现工业文明的魅力,又可建造生态浮岛,培育新绿洲。兼顾后世博的垃圾问题,利用拆除的混凝土等变废为宝,成为景观的构成部分,通过植物的自然修复,展现环保低碳的现代生活观念。整个设计无论理念与态度,还是设计细节,紧扣主题,细致周全,是有开拓价值的设计作品。

成旺蛰 / 中央美术学院 指导教师: 丁圆
绿色渗透——江南船厂的生态恢复与改造

毕业设计类景观设计银奖

B.城市化思考

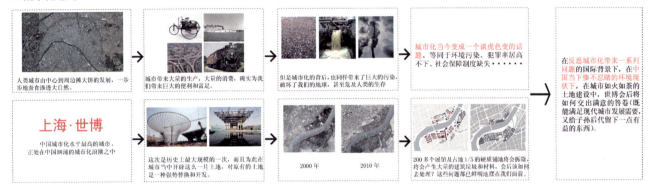

C. 概念演绎

在河流的入海口，河流带来的大量泥沙，慢慢地形成广阔的冲积平原。

河流的冲击与城市发展是并存的，不断侵蚀着自然绿色，城市面积越来越广。

浦西的三座船坞势必淹没在上海城市化浪潮中。记载在这片土地上的百年工业文化价值和世博文化将一并被冲洗掉，这片土地的历史也将荡然无存。

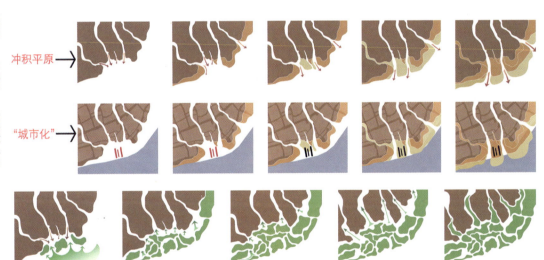

在内陆河流的入海口，淡水的冲击力会遇到来自海水反渗透力。海水的渗透力能够分解和打乱来自淡水的冲击力，河流淡水带来的大量泥沙也被堆积成块斑状岛屿。

在浦西我们唯一可以依托的力量，那就是黄浦江——这条不自然的"自然"水系。/ 两股力量首先在滨水岸线交锋，单一直线被变化成多样的曲线。多样曲线可以形成水流的多样性。/ 城市携带着的泥沙（建筑废料、硬质铺面）、江水携带着的绿色（乔灌木、草地、水生植物、湿地等）相遇。绿色的渗透力加大，河流形成的冲积平原（城市中的硬质广场）被绿色力量分解成块块的山体（建筑废料构筑山）。/ 船坞这片土地由于有着浓厚的历史积淀，而形成深厚工业价值的岩石，遇到两股力量作用时，犹如海洋中的礁岛安然不动，形成"孤岛"。/ 自然绿色的渗透仍然继续着，整个浦西世博园土地已被全部分解和渗透，绿色渗透带来的不仅仅是个概念，被切割的建筑废料山在植物和微生物的降解后将被重新利用，山体就变成植物群落和绿地。/ 真正进入城市，绿色的渗透力需要人工拉动和牵引，予以平衡城市化的力量，同时让城市内更加自然。浦西世博园区在渗透过程中形成了新的景观格局。

| 地域特色 | 建筑与环境艺术设计专业 | 教学成果作品集（下）

总平面图

D. 设计分析

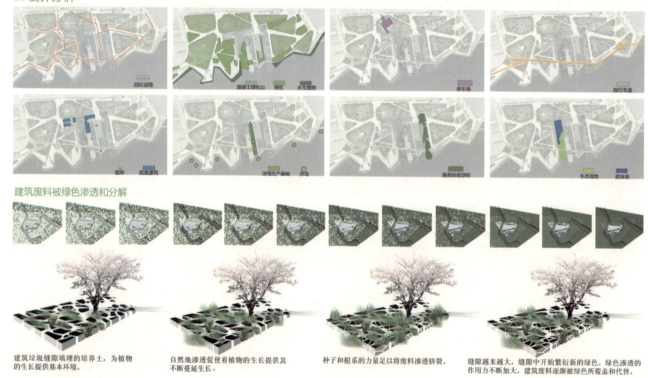

建筑废料被绿色渗透和分解

建筑垃圾缝隙填埋的培养土，为植物的生长提供基本环境。

自然地渗透促使着植物的生长提供其不断蔓延生长。

种子和根系的力量足以将废料渗透挤裂。

缝隙越来越大，缝隙中开始繁衍新的绿色。绿色渗透的作用力不断加大，建筑废料逐渐被绿色所覆盖和代替。

040/景观设计

E. 重点区域景观设计（一号船坞）

一号船坞是刚翻新的，在改造中结合二号船坞的浮岛生产，设计演绎成藻类的培育浮岛，从藏南隧道里提取藻类所需要的养料（二氧化碳）。为浮岛生产提供种子和藻类，同时也是生态藻类的学习体验基地。

1 江南公园主入口	13 湿地	
2 江南纪念石	14 鱼类养殖池	
3 江南纪念广场（轨道）	15 步行散步道	
4 镜水面	16 藻类养殖池	
5 跌水景墙	17 CO_2反应器	
6 滨江自行车道	18 藻类养殖池	
7 牡蛎栖息池	19 CO_2管道	
8 水生植物池	20 收集CO_2	
9 机械轮轴	21 混凝土山	
10 养殖浮桥平台	22 水生植物驳岸	
11 水葱种植池	23 休息座椅	
12 芦苇种植池		

形态演绎

藻类培育岛剖析

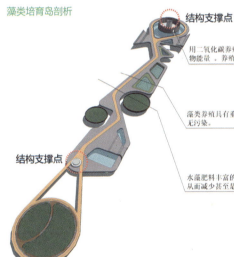

结构支撑点

用二氧化碳养殖藻，既可减少温室气体污染，又可产生用途广泛的藻类生物能量。养殖藻类是控制和减少大气中二氧化碳的一种有效途径。

藻类养殖具有重要的经济和社会价值。可作为新型的高端有机肥料，安全无污染。

水藻肥料丰富的中微量元素和天然生长调节剂可以提高植物的免疫能力，从而减少甚至是不使用化学农药。

结构支撑点

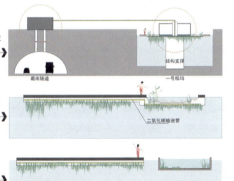

效果图

藻类浮岛

一号鸟瞰图

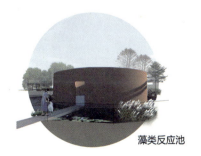
藻类反应池

F. 重点区域景观设计（二号船坞）

二号船坞的位置

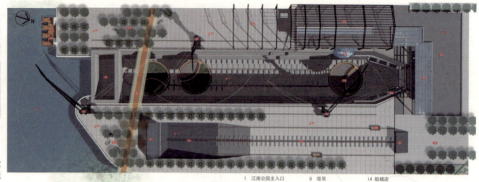

二号船坞是历史最久的一座船坞，最有文化资质和生产本能。在改造中继续发挥它的生产和孕育本质，改后作为生态浮岛的建设基地重换生命的活力，为黄浦江播撒生态的种子，将绿色渗透黄浦江，渗透城市。

1 江南公园主入口	8 塔吊	14 船模店
2 江南纪念石	9 闸门	15 太阳能阳光板
3 江南纪念广场（轨道）	10 码头	16 跑步-通至船坞
4 镜水面	11 条形树阵	17 水下观景台
5 跌水景墙	12 预留船台拓架	18 浮岛
6 滨江自行车道	13 咖啡厅、餐饮建筑	19 轨道船
7 堤岸休息区		

浮岛组成

 双层金属网
 培养土
漂浮层
碎石维护层

培养土　木栈道　一层水面　植物开始发芽　植物开始生长

突破金属网　成规模生长　成规模生长　微生物繁衍生长　建立湿地系统

二号船坞的改造

现状有水　现状无水　铺设轨道　塔吊　配套建筑　引水入坞　生产结束

工业方式加以体现，船坞生产改成浮岛生产

效果图

人们参与浮岛生产

水下观光厅

G. 重点区域景观设计（三号船坞）

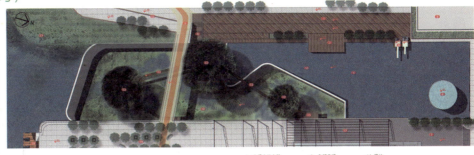

三号船坞的位置

三号船坞有着最便利的交通和使用人群，在设计中考虑增加更多的滨水公共空间，把滨水还给人们，让人们能重新接触到黄浦江的水。同时结合生态浮岛绿色渗透的概念在三号船坞建立了一片生态的湿地，有着自己的生态循环系统。人们可以参观和体验自然的湿地。找到城市中一片难得的生态绿色。

1	木质水岸台阶	8	自行车道	14	湿地
2	休息平台	9	台阶下至阳光森林	15	通往地下2层
3	更衣洗浴室	10	建设者广场	16	潜水区
4	跳台	11	生态驳岸	17	预留的船台钢架
5	游泳池	12	太阳树	18	码头
6	"水帘洞"	13	木栈桥	19	紫荆林带
7	餐饮咖啡				

剖面图

效果图

生态湿地

阳光森林

漫川关古镇保护规划设计
MAN CHUAN GUAN GU ZHEN BAO HU GUI HUA SHE JI

地理位置：
漫川关古镇位于陕西省商洛市山阳县东南缘，东经110度3分，北纬33度14分，南与湖北省郧西县上津镇临接，北与法官乡相邻，东连石佛寺乡，西邻南款平镇和莲花乡．镇政府驻地漫川关街道村，北距山阳县城95公里，南距湖北省上津镇15公里。

设计说明：
　　将课题设计范围定为漫川关镇内古风貌保存较好的聚集区——会馆遗址区以及古镇老街区，即北到山漫公路入镇大桥，南至靳家河南部大桥与排洪渠，东至山脚之下，西至靳家河畔的历史文化街区区域内。
　　此次设计主题定位意在弘扬传统文化与现代设计的融合，突出漫川关镇作为南北文化交融的体现，复原它原有的特色。将漫川关定义为历史之城、文化之城、创意之城、情感之城从而打造真正意义上的旅游名牌历史文化古镇，达到保护文化，保护生态的规划目的。

设计原则：
　　（1）保护文化遗产产业，针对破坏严重的遗址建筑进行复原抢修，对于集中遗址区，将街区整体化，规划设计为保护传统风貌服务，限制遗址片区周围景观建筑的高度及设计风格。
　　（2）协调发展，达到人与自然的和谐，传统文化与现代文化的和谐，人民生产生活与遗产保护资源开发的和谐。
　　（3）弘扬传统文化，创新意识设计。在保护、弘扬传统文化的同时，吸纳现代设计理念的创新思维，努力突出古镇特色，符合现代旅游城市的发展。

业态定位：
　　历史： 承袭古代商业类型特征，发展茶叶、酒铺、镖局等历史的商业类型。
　　情感： 通过老宅大院等的经营形式，营造市井闲适的消费空间和环境。
　　文化： 与文化信仰结合，强调商业文化对传统文明的传承。
　　手工： 增加手工工艺类商业，鼓励金器玉石竹编等传统手工作坊开设。
　　创意： 提高商业形式的创意，并引进一定的创意产业。
　　特色： 注重老字号等特色商业建设做到历史遗迹的复原、商业业态的提升、交通系统的优化。以高品质的生活居住和商业服务为主要职能，以多元化宗教文化信仰和边贸文化为主要特征，以古镇历史建筑遗址景区旅游为主要依托，关古镇的高端文化展示，旅游集散和生活休闲中心。

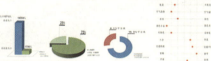

停车场效果图

设计元素演变分析

绿化区域分析

建筑及土地利用分析

交通流线分析

设计定位分析

建筑用地分析

景观轴线分析

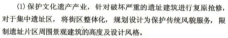

01
马思思、杜季月、成垚、崔宇 / 西安美术学院　　指导教师：李建勇
漫川关古镇保护规划设计　　　　　　　　　　　　　　　　　　毕业设计类景观设计铜奖

毕业设计类作品

戏楼广场设计：

鸳鸯戏楼又称双戏楼，始建于1886年清光绪年间，是漫川关明清标志性古建筑，隶属骡帮会馆，位于骡帮会馆正对面。建筑结构严谨精巧，梁柱、额枋上几乎遍饰木雕，藻井成穹庐状，为歇山式屋顶，重檐翘角，其建筑风格罕见，雄伟壮丽。由于多次水灾河床水位上涨淤泥充斥，致使戏楼底部被淹没，严重损坏，为此政府于2002年维持原建筑风格不变进行了抢修。

在双戏楼前设计了戏楼休闲文化广场，重现旧时人们观摩秦腔汉剧的表演场面。经过对建筑结构形式的解析、演化，将戏楼前、广场花坛水景形式演变简化，符合周围环境，意在取四合院建筑形式中的"四水归一"，通过铺装样式将骡帮会馆与戏楼联系，暗含历史回顾意义。加上特色小品、雕塑以及植物搭配等，让人们值此空间思绪游走在历史的过往，以及视觉的双面感受。

漫川关古镇保护规划设计
MAN CHUAN GUAN GU ZHEN BAO HU GUI HUA SHE JI

双戏楼立面

回廊在设计上符合当地建筑特色，材质、色调彰显古朴气质，平面视觉上对明清古街的街道进行延伸，立面则贯通旱码头主题公园与会馆遗址纪念广场，对空间在视觉及功能上进行有效分割，使得空间既满足功能的分区，又有贯通人流的引导性。景观小景的设计通过对建筑结构的解析，符合周围景观布局，采用直线、面状形式，既在形式上符合四合院建筑特点，又起到画龙点睛的装饰作用，再辅以水景和植物的搭配，将在季节交替展现不同视觉的景色同时通过植物、水纹曲线形打破直线设计的规则性以及古镇本身灰色调的单调性。

双戏楼效果图

回廊立面

新街效果图　　水景效果图　　老街效果图　　建筑元素分析

道路作为景观设计中的骨骼和网络，其作用非常重要。道路的设计反映着不同的设计风格和文化面貌。而道路在其设计形式确定之后，铺装就显得尤为重要，无论从色调、材质还是铺装样式都影响着景观设计的最终效果。

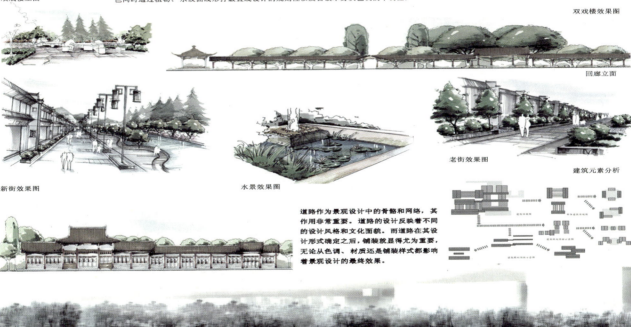

02

045/景观设计

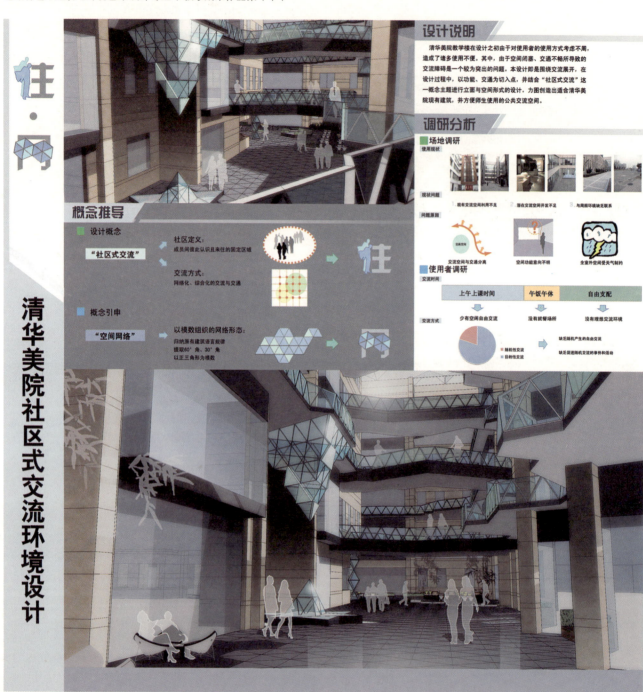

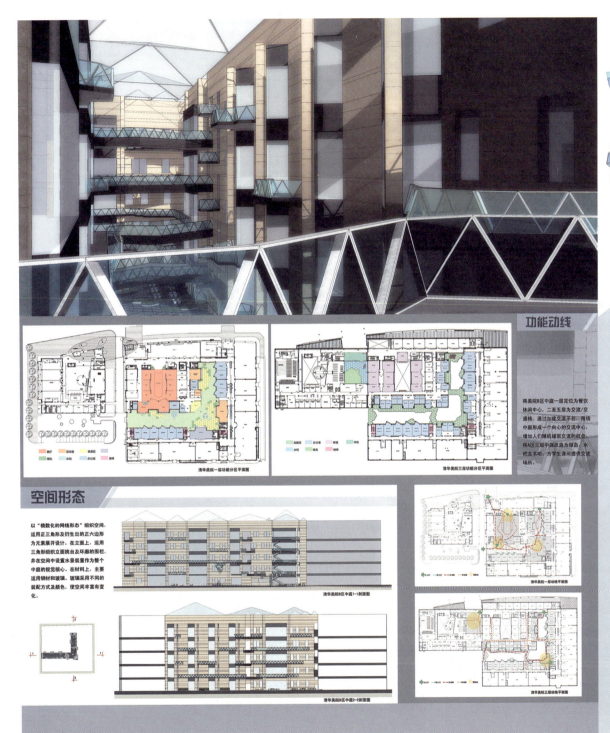

清华美院社区式交流环境设计

设计分析

■ 交流领域

个人领域交流区域示意图　　小集体领域交流区域示意图　　大型公共领域交流区域示意图

细部设计

将B区中庭一层设计为就餐休闲中心，通过公共就餐与休闲聚集人群，从而引发公共交流。

具体设计手法是：采用地铺与高差划分区域，标示出就餐区、休闲区与交通区域，就餐区设置在两个交通动线的交会处，休闲区则位于中庭的尽头，气氛较为安静。在陈设的设计方面，就餐区采用较为简洁的餐椅，配以活跃的喷泉水景；休闲区采用较为舒适的沙发，以竹子作为周围绿化。

清华美院B区中庭一层平面图

A　B区中庭一层就餐区效果图

B　B区中庭一层休闲座区效果图

住·间

清华美院社区式交流环境设计

李玮琦、杜婧文 / 山东工艺美术学院　指导教师：张阳

禅——泉城公园南花廊改造

毕业设计类景观设计铜奖

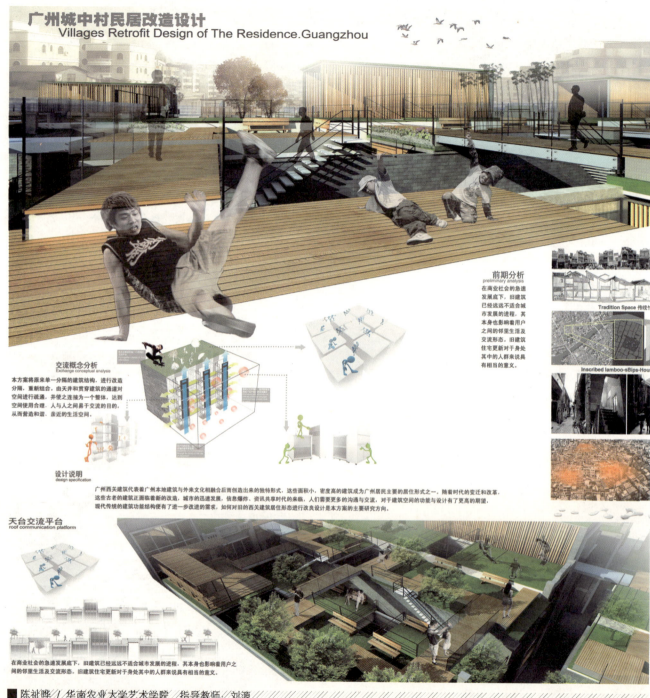

地域特色 | 建筑与环境艺术设计专业 | 教学成果作品集（下）

异域广角——天津第一热电厂建筑景观创意园

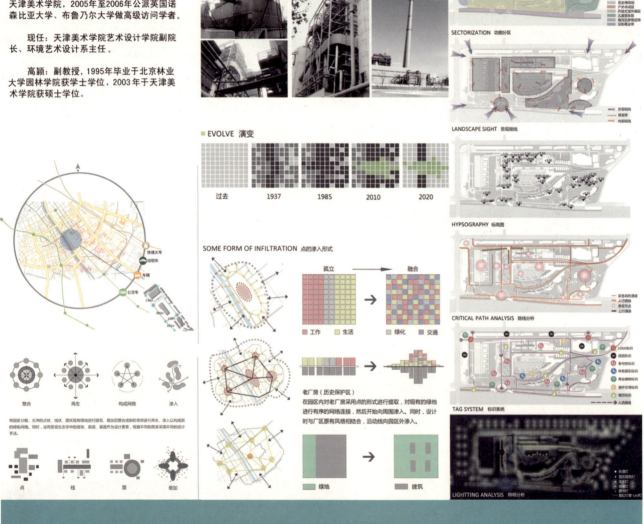

吴尚荣、任砚／天津美术学院　指导教师：彭军、高颖
异域广角——天津第一热电厂建筑景观创意园　　　　毕业设计类景观设计铜奖

异域广角——天津第一热电厂建筑景观创意园

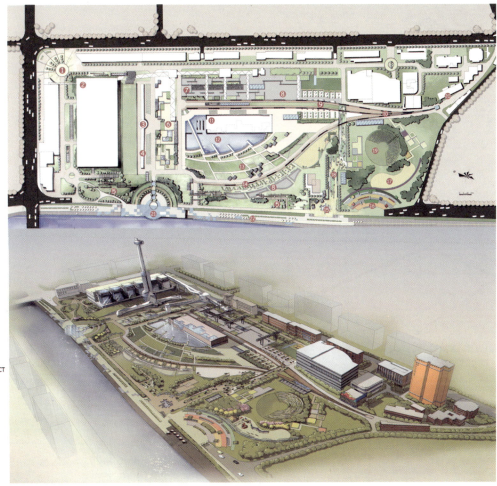

PLANE ANALYSE 平面分析

LEGEND 图例
1. MAIN ENTRANCE PLAZA
   主入口广场
2. ATR SPA
   艺术spa馆
3. TOUR TOWER
   观光塔
4. RECEPTION CENTER
   接待中心
5. SCULPURES OF ABANDONDED PLANT
   电厂遗弃管道雕塑
6. OUTDOOR SCULPTURE
   室外展示区
7. THE DISPLAY AREA OF OUTDOOR SCULPTURE
   室外雕塑展示区
8. LOUNTAIN LANDSCAPE
   地喷景观
9. REST AREA
   休息区
10. TRAIN PLATFORM
    火车月台
11. THE MUSEUM OF OLD PLANT
    旧电厂博物馆
12. WATER LANDSCAPE
    亲水景观
13. ACTIVITY&REST GRASSLAND
    活动休息草地
14. DINING LOUGE
    餐饮休闲区
15. ENTRE OF WATER LANDSCAPE
    入口水景区
16. CHILDREN'S AREA ENTANCE PLAZA
    儿童区入口广场
17. CHILDREN'S ENTERTAINMENT DISTRICT
    儿童娱乐区
18. ART GALLERY
    艺术走廊
19. AMPHITHEATRE
    露天剧场
20. BUSINESS STRESS
    沿街商业
21. HAI RIVER LANDSCAPE PLATFORM
    海河滨水景观平台
22. REST AREA ALONG RIVERSIDE
    沿河休息区

[设计介绍、点评]：该设计作品通过对天津市第一热电厂改造实际项目，面对我们身边城市建设翻天覆地变化的同时，很多历史遗迹被成片地拆除，这种盲目的拆毁和重建已经对城市的相容性、延续性和历史性造成了破坏的现状，引发对一个城市的历史积淀如何进行维护和延续、如何在现有的经济条件和城市化发展的步伐中，对历史建筑进行有效的保护和利用的深入思考。探讨如何对于有利用价值的旧建筑，在不破坏城市的历史文脉和环境肌理的条件下，进行改造更新，达到完善城市的综合服务，增加这座城市的厚重感和文化积淀的目的。

天津第一发电厂的地理位置确立了它独特的城市氛围，它的原始功能确定了它浓郁的工业文化色彩，它的建筑形式赋予了它创意的表达方式。奔放的工业遗迹，内敛的工业文化，填充着这一片遗落的厂区。通过保留原有的工业遗迹，而不是重新建设，没有带来过大的建设负担和经费需求，同时保存了老天津人民对于这块旧电厂的特殊情感。另外，加设新的设施，改变旧的功能也满足了年轻人与外来人口对这块地域的重新认识。

异域广角——天津第一热电厂建筑景观创意园

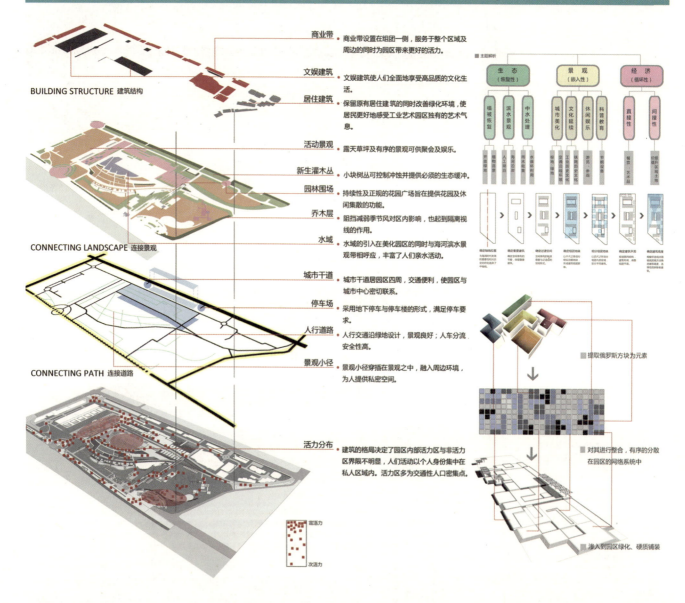

056/景观设计

异域广角——天津第一热电厂建筑景观创意园

EXPLAIN OF REMOULD 改造说明

1号地（主厂房）：主厂房的改造是整个园区的重中之重，它本身结构复杂，主要由6部分组成：旧发电机组、烟囱、输煤机、厂房、高架运输通道、控制室组成。

- 改造先从机械开始，保留旧的发电机组，对其进行剖切处理，保留截面的基础上再用玻璃钢架围合。保留外形的同时赋予它新的功能。
- 对输煤机进行拆除，空出的空间进行竖向抬高。
- 烟囱和控制室经过改造以后连为一体，形成一地标性建筑。是园区的标志，赋予其展馆和观光塔的功能，通过观光塔使人们俯瞰整个园区和周边环境，感受美景。
- 再之则是厂房和高架运输管道的处理，厂房在保留原貌的基础上对窗框门口进行设计，使其更具现代感。高架运输管道改成连接建筑的人行天桥，外立面的处理手法与观光塔一致，使其形成一个有机整体。

2号地（老厂区）：对于建于1937老厂房的处理，考虑到建筑破旧程度，保留其原有工业遗迹面貌，局部进行改造，体现其独有工业历史文化。

- **减法**：拆除已经濒临倒塌的部分建筑，将该区域设计成以大面积水池，使保留的建筑在水中反射形成一个完整的形。
- **加法**：对保留下来的建筑部分选择于西立面（朝向水域的部分）进行局部改造，加入了玻璃钢架等现代材料，在保留原有面的基础上对此立面进行整合提炼。其余的立面对于窗户，门口进行了局部设计，保留原有的墙面效果。增加涂鸦等行为艺术使老厂区重新焕发光彩。

2号地（老厂房）改造示意

厂房原貌

分解拆除

新外立面

1号地（主厂房）改造示意

厂房原貌

分解示意

剖切处理

拆除

新建筑环境

异域广角——天津第一热电厂建筑景观创意园

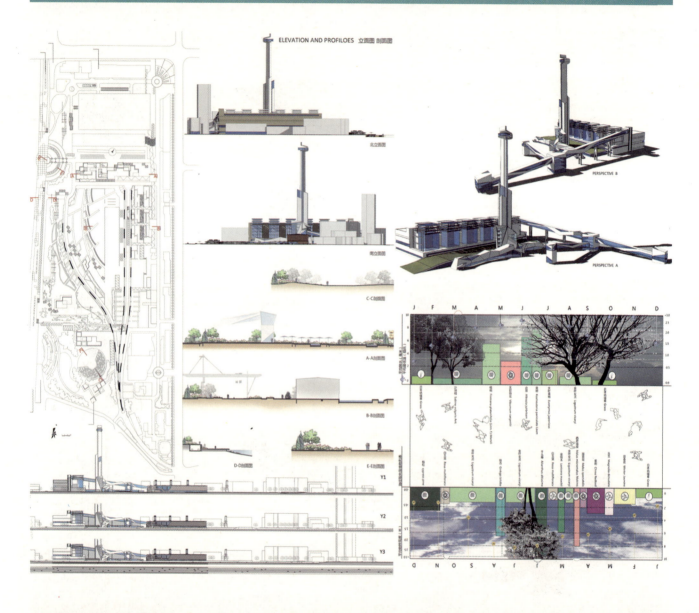

异域广角——天津第一热电厂建筑景观创意园

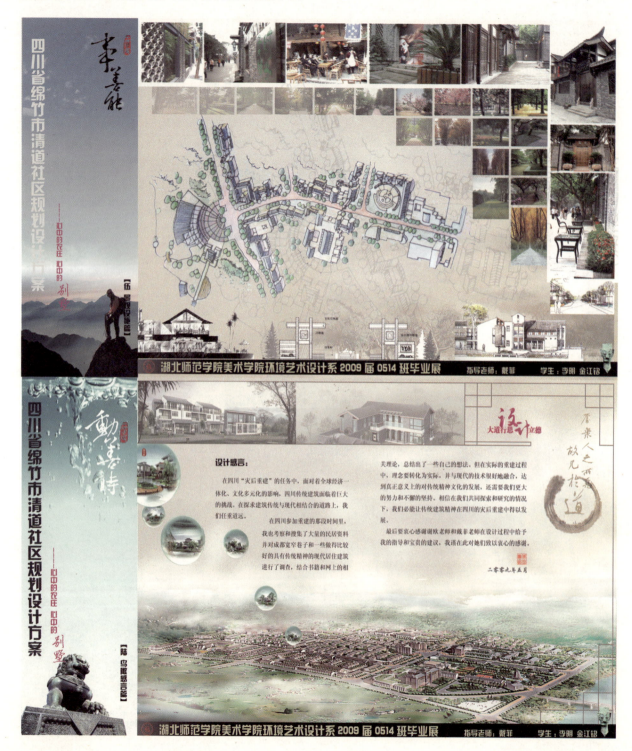

SS01

锦源竹里
上海佘山老年人疗养康复中心

背景： 按照国际标准衡量，我国已进入老年社会，老龄化已成为21世纪不可逆转的趋势，也是社会进步的体现。据统计数据显示，上海人口老龄化程度居于全国首位。余山至母大教堂、长三角地区人口老龄化问题的严重性，迫使我们必须结合上海地区的实际情况，为老年人创造一个适宜他们生活的环境。

场地分析： 项目选址上海松江区佘山——是上海著名的郊区风景区，周边主要旅游景点有：佘山国家森林公园、佘山天文台、东佘山、西佘山等。交通便利，空气清新，环境优美，是建造老年疗养康复中心的理想之地。

设计目的： 首先针对目前老年人生活环境和生活现状的一种反思，并且旨在解决大城市中由于空间拥挤、环境恶劣等问题给老年人带来的不良影响。其次是对中国传统文化的传承与发扬，将中式园林的精髓融入现代建筑设计中，让老年人在享受现代化生活的同时，也能感受到传统文化的魅力。

功能性质： 疗养院的功能划分以医疗养老为主，同时兼顾休闲娱乐、文化教育等多种功能。整个园区分为三大区域：一区为公寓住宅区，二区为医疗康复区，三区为休闲娱乐区。

平面布局： 各个区域之间通过园林景观相连接，形成一个有机的整体。主入口设在南侧，次入口设在东侧和西侧。

设计风格： 整体建筑风格采用中式园林风格，结合现代建筑美学，打造出独具特色的老年疗养康复中心。

经济指标：
- 总占地面积：142454平方米
- 水域面积：21548平方米
- 容积率：0.25
- 建筑面积：171189.7平方米
- 绿地率：64.5%
- 最大居住人数：360人

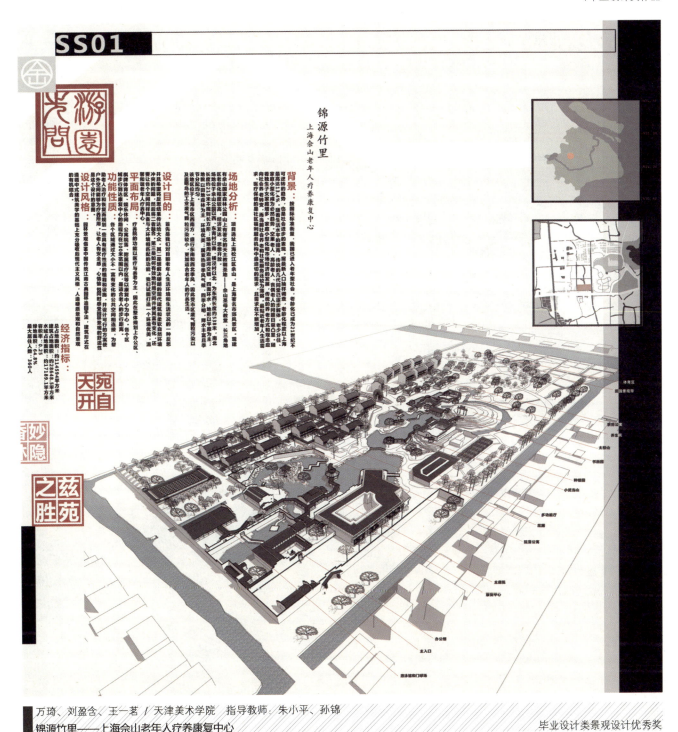

万琦、刘盈含、王一茗 / 天津美术学院　　指导教师：朱小平、孙锦

锦源竹里——上海佘山老年人疗养康复中心　　毕业设计类景观设计优秀奖

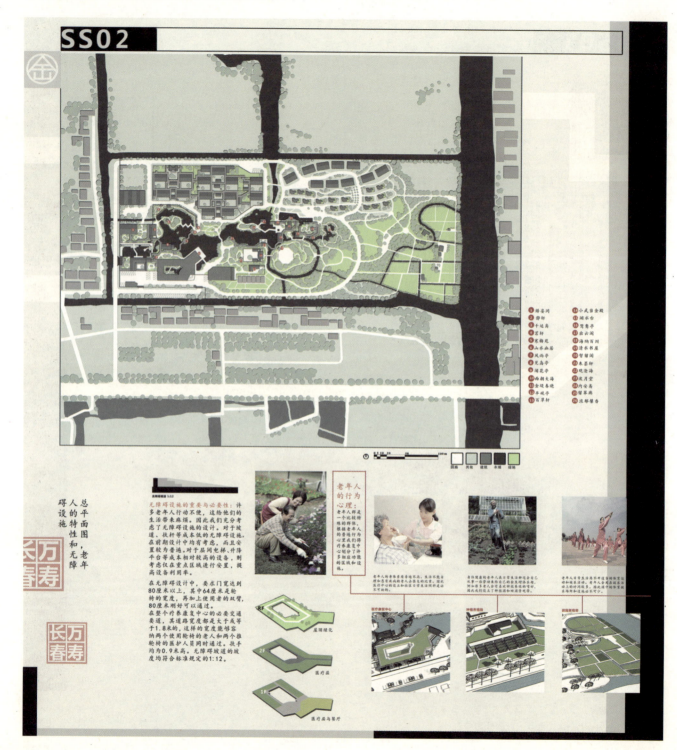

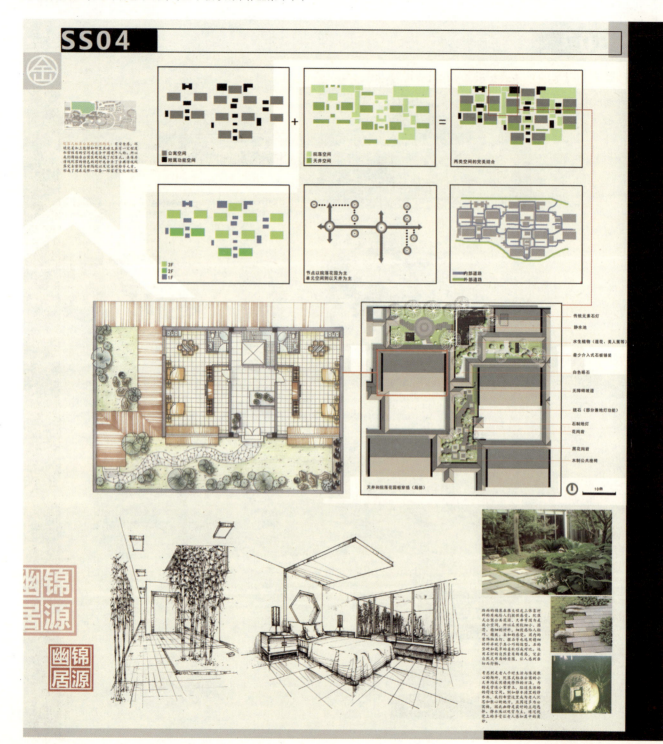

禅即生活——海西佛教文化博览城庙宇区一期·三圣殿景观设计

天津美术学院　　作者：张俊龙　陈艳冰　张雯静　　导师：李炳训　侯熠

海西佛教文化博览城位于厦门海沧区蔡尾尖山段，原石峰岩寺内。博览城的规建目的正是为了加强八个佛教宗派交流，并为各地信徒提供一个聚首聆佛、悟佛、说佛的平台同时促进海峡两岸的关系以及与国际的联系。

现状分析　**优势：** 场地人工痕迹较小，保留当地生态种群，南北向视野开阔，夏季风及日照不受阻挡；西北向的山林可减弱冬季主导风。

劣势： 生态种群及植物较为单一性。现存的水系未能完善收集山上丰富的地表水及善用四周的蓄水池。

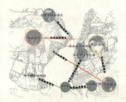

主题概念

禅即是生活，平常心即是道。

景观依托东南沿海温湿润泽的自然地域特点和多石多植株的先天优越性，又与当地温和平实的淳朴民风相互融合，着重将闽南本土资源充分发挥，让设计归于自然且富地方韵味，也呼应禅宗自然平常态度。同时又以佛教思想展开，通过无住、无念、无相和此岸彼岸主题展开，将寺院的园林风格凝聚成一种幽玄的禅宗意境，悟道于其中，在深静悠远的虚实山水间，让人领悟禅宗"缩三万里于尺寸"的境界以及超然物外的心境。

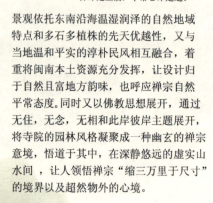

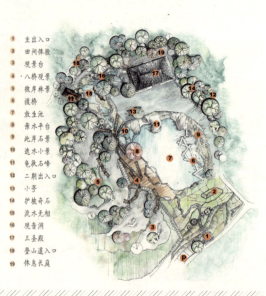

1. 主出入口
2. 田间体验
3. 观景台
4. 八桥观景
5. 彼岸林景
6. 渡桥
7. 放生池
8. 亲水平台
9. 此岸石景
10. 迷林小景
11. 龟蕨石峰
12. 二期出入口
13. 小亭
14. 护坡奇石
15. 流水无相
16. 观音洞
17. 三圣殿
18. 登山道入口
19. 休息长庭

张俊龙、陈艳冰、张雯静／天津美术学院　指导教师：李炳训、侯熠
厦门国际佛教文化博览城———一期·三圣殿　　　　毕业设计类景观设计优秀奖

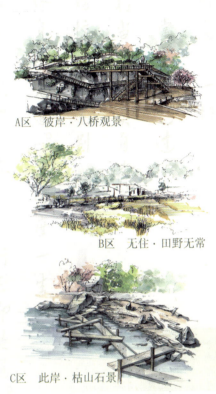

A区 彼岸·八桥观景

B区 无住·田野无常

C区 此岸·枯山石景

D区 无相·迭水小景

E区 无念·静修长庭

生态防护

一、挑选植物也以耐酸为主。
二、高程210米以上山体设以防火防风植物，如木荷、枫香、银杏等排植的防火带，以银杏身高为例，防火带约需百米，方案中防火带将延伸至方案规划以外的山脊上。
三、护坡植物以冬青为主，配以福建常见地被如红参麻。
四、观景山林以观赏性及当地化树种为主。
五、前方田间分别使用三种或以上农作物交替种植，达到各季景色变化。

教师点评：

作品从两个方面展开对于题目的理解，首先从生态层面上，关注地域的特色水文和植物繁衍。以牺牲最小的方式换取功能的完备。另一方面，从文化角度入手讨论设计中的人文价值，将传统佛教道场，景观化、人文化，体验与观光并重，在感受风景的同时自然地引入项目主题，收到了较好的设计效果。

水系

一、地表水收集以透水铺装跟架空构建为主，提供水土涵养力和防暴雨能力。以生态渗透池来保持一定储水，且能降低排水流速和侵蚀。
二、灌溉以自然降水，土壤渗透，处理后的生态水为主。A区田间以地埋滴灌管道为主。
三、旱涝季节防护以蓄水池蓄水保证一定用水防旱，并设定各蓄水池高低水位控制蓄水排放来防涝。

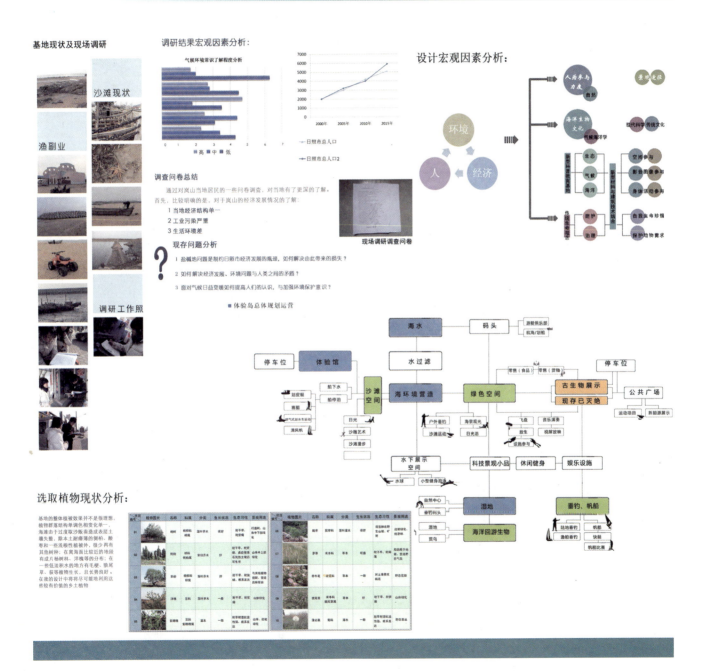

Coast of memory "记忆彼岸"——山东省日照市岚山区海洋变化体验岛景观设计
HAIYANGBIANHUATIYANDAOJINGGUANSHEJI

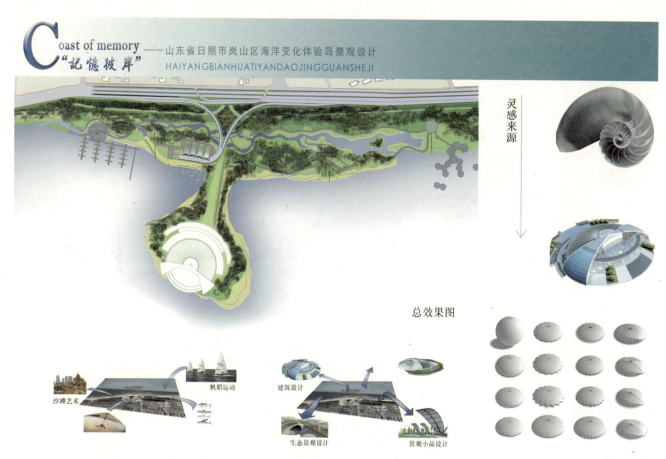

灵感来源

总效果图

建筑形态演化过程示意

方案设计初步是将与海洋有关的文化，如沙雕、滑翔伞、帆船等艺术文化考虑其中，并与当地地理、人文特色相结合，将最初的以体验与科普的构思相融合，然后构思出方案的方向与设计内容。

毕业设计类作品

Coast of memory
"记忆彼岸" ——山东省日照市岚山区海洋变化体验岛景观设计
HAIYANGBIANHUATIYANDAOJINGGUANSHEJI

基地现有经济结构单一，主要以海产品养殖为主。所以地貌特征多人工池塘，且杂乱无序，植被覆盖率低，但交通状况较好公路覆盖面广阔。
在对基地进行地质地貌，区位交通，水文气候，经济结构等因素分析之后，把该地的设计方向与特征予以确立，设计的主要内容包含了体验馆 建筑部分设计，岛区绿化规划，科技参与设施设置等。

[指导教师]：

彭军：教授 硕士生导师，1986年毕业于天津美术学院，2005年至2006年公派英国诺森比亚大学、布鲁乃尔大学做高级访问学者。

现任：天津美术学院艺术设计学院副院长、环境艺术设计系主任。

高颖：副教授，1995年毕业于北京林业大学园林学院获学士学位，2003 年于天津美术学院获硕士学位。

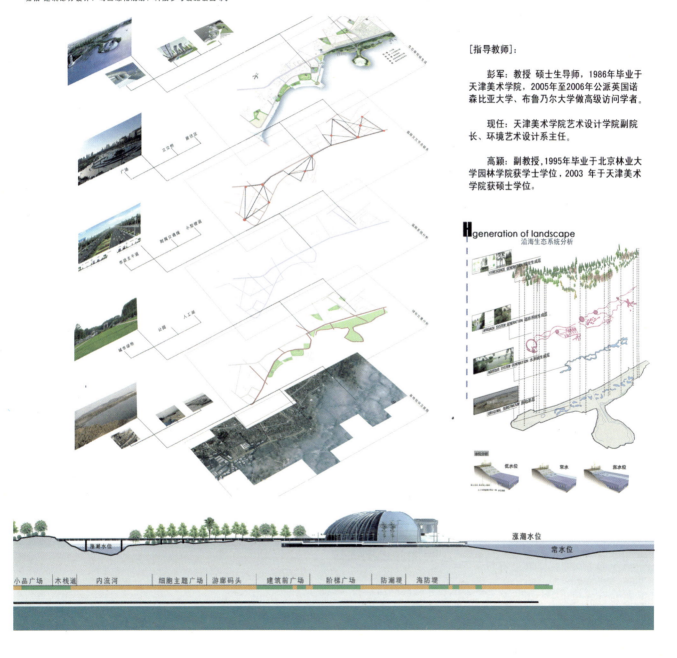

073/景观设计

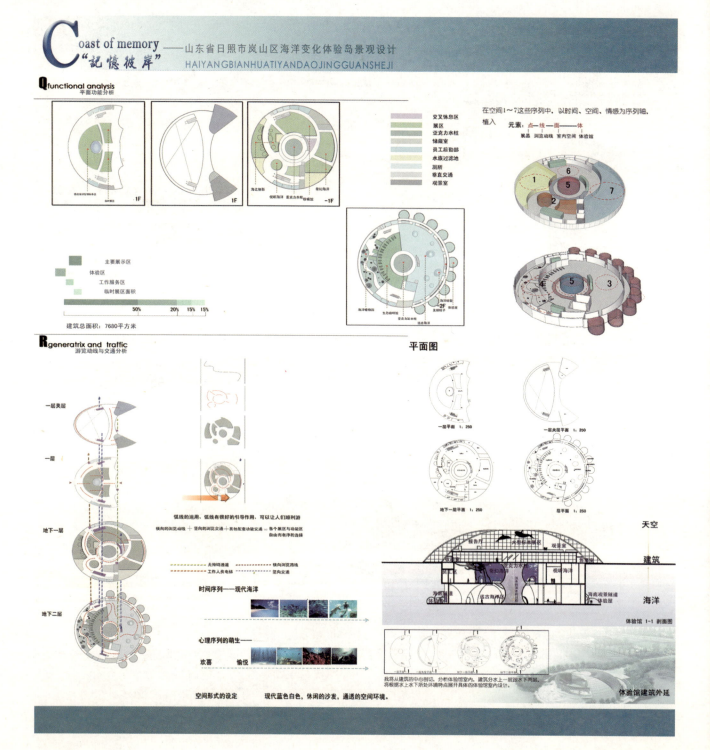

Coast of memory —— 山东省日照市岚山区海洋变化体验岛景观设计
"记忆彼岸" HAIYANGBIANHUATIYANDAOJINGGUANSHEJI

Sbandwaaon effect

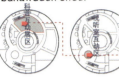

我们希望通过艺术的感染力，来增加体验馆内的海洋气息，打破过去国内海洋馆的传统模式。而是以体验的形式来吸引参观者。在艺术处理手法上，如，通过立体的构成形式，来演绎馆内的展览空间，各个空间渗透变化，带动参观者的心情也发生同步的变化；光影的变化解释海洋的神秘，纹理的凹凸则诉说古老的传说。

体验屋平面

观景室

体验屋通道

通道

无障碍设计

海洋体验区

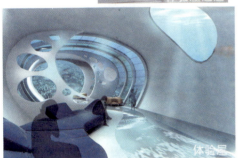
体验屋

体验屋

碰撞 / 科技 / 深海馆

毕业设计类作品

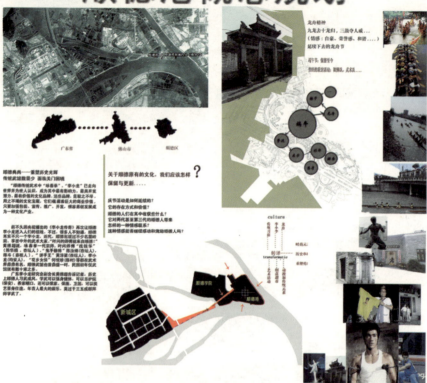

千帆之城——一扇打开的窗口
OPEN 顺德港概念规划

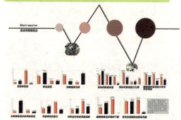

设计演进

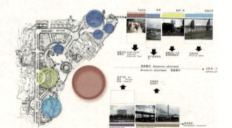

孙楚文 / 顺德职业技术学院设计学院　　指导教师：周峻岭、谢凌峰
Open——顺德港概念规划设计

毕业设计类景观设计优秀奖

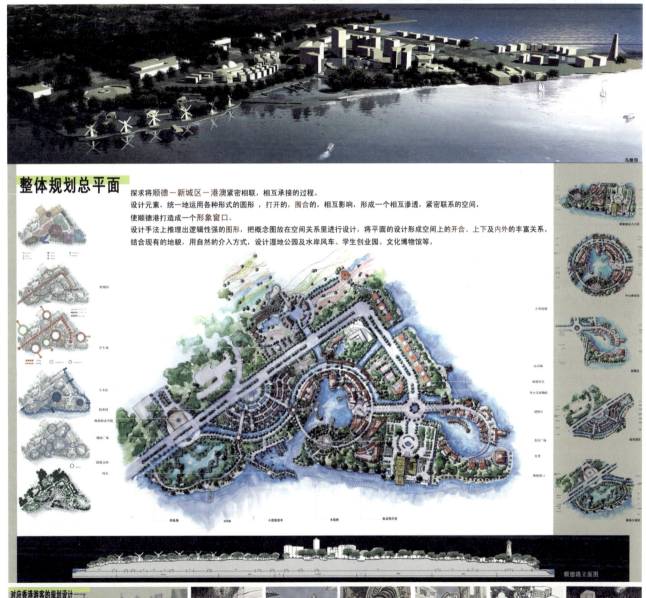

| 地域特色 | 建筑与环境艺术设计专业 | 教学成果作品集（下）

OPEN 千帆之城——一扇打开的窗口
顺德港概念规划

创业园效果图

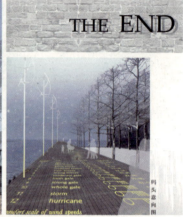
THE END
码头意向图

对应顺德学院的规划设计

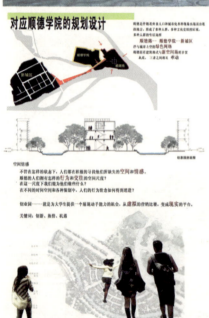

顺德港是存顺德若朴基入口和城各化世界性格意出路出的的地点，形成了多种人潮、多种文化交织的区域。
顺德港——顺德学院-新城区
停与城邦上空的绿色网络
顺德港在建筑表达与新空间场所并置
从点、三者之间相互 联动

空间情感
不管在怎样的状态下，人们都在积极的寻找他们所缺失的空间和情感。
顺德的人们都有怎样的行为和交往的空间尺度？
在这一尺度下我们能为他们做些什么？
在不同的时间空间和各种复制中，人们的行为或态度如何有到提迷？

创业园——就是为大学生提供一个展现动手能力的机会，从虚拟的营销比赛，变成现实的平台。
关键词：创新、热情、机遇

对应顺德新城区市民的规划设计

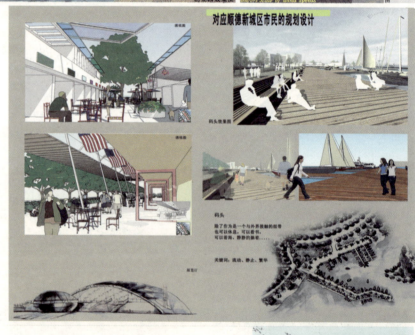
码头效果图

码头
除了作为是一个与外界接触的纽带
也可以休息，可以看书，
可以看海，静静的等等……
关键词：流动、静止、繁华

风车能源回收示意图
绿色能源：
利用风车，把风能转化为电能，供应的商边建筑使用；
利用雨水蓄积水资源，供应给顺德会馆的树木景观；
利用倒向区域建筑日身材料，吸收太阳，转化为电能供应使用，屋顶储存雨水，进行再利用。
利用生活区使用后的废水，在过滤处理与周边的植物、绿化之后，多余助水分流入河流景观。

杨静 / 天津城市建设学院　指导教师：张大为、高宏智、余娴
天津海河外滩码头广场景观设计

毕业设计类景观设计优秀奖

地域特色 | 建筑与环境艺术设计专业 | 教学成果作品集（下）

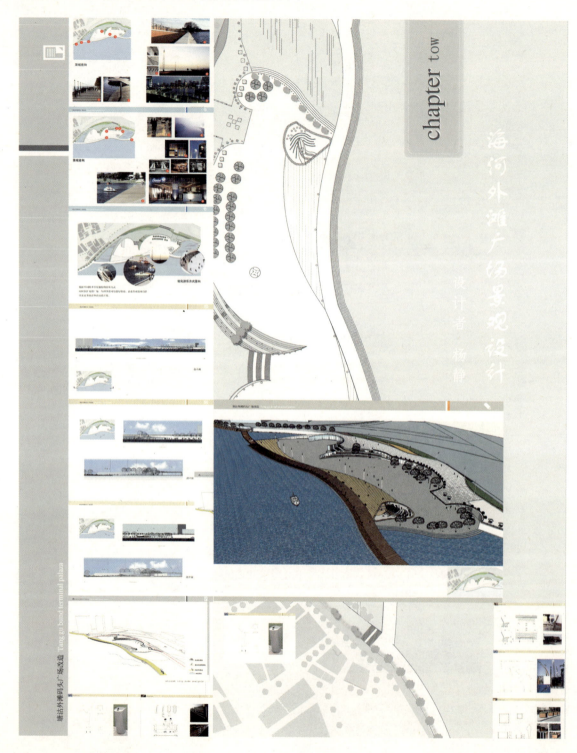

chapter tow

海河外滩广场景观设计

设计者 杨静

080/景观设计

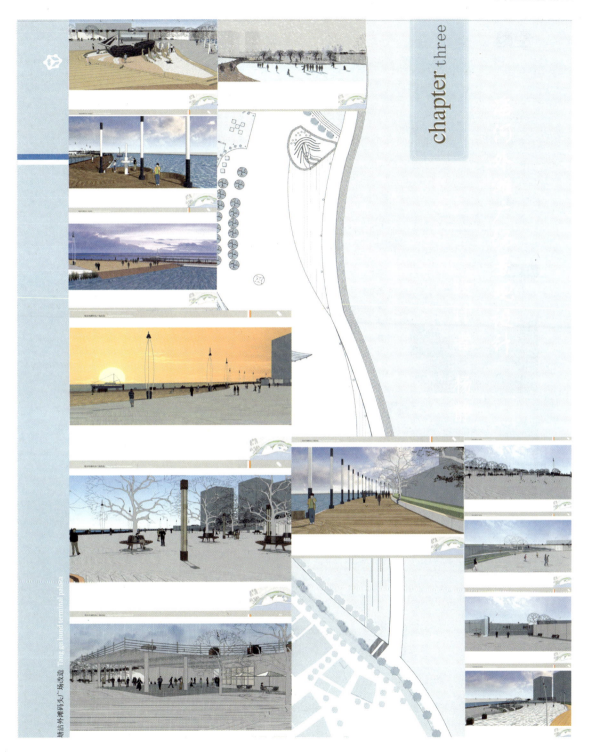

081/景观设计

罗进苗、陈三 / 广东轻工职业技术学院　指导教师：彭洁、周春华
轮回+空间=？——庭院般度假庄规划设计　　　　毕业设计类景观设计优秀奖

空間 + 輪回 = ？
A SPACE AND SAMSARA OF BIRTH
庭院般度假庄规划设计方案

作者：陈三　罗进苗
指导：彭洁　周春华

Site Analysis 02
场地分析

Present Situation Analysis 03

分析篇

A SPACE AND SAMSARA OF BIRTH

083/景观设计

空間 + 輪回 = ?
A SPACE AND SAMSARA OF BIRTH
庭院般度假庄规划设计方案

作者：陈三　罗进苗
指导：彭洁　周春华

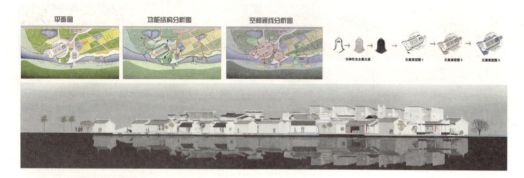

现代景观规划设计包括视觉景观形象、环境生态绿化、大众行为心理三个方面的内容：

1、视觉景观形象是最大家所熟悉的主要从人类视觉感受需求出发，根据美学规律，利用空间实体景观研究如何创造赏心悦目的环境形象。
2、环境生态绿化是随着现代环境意识运动的发展而注入景观规划设计的内容，主要是从人类的生态感受需求出发，根据自然界生物学原理，利用阳光、气候、动植物、土壤、水体等自然和人工材料，研究如何创造令人舒畅的良好的物境环境。
3、大众行为心理是随着人口增长、现代文化交流以及社会科学的发展而注入景观环境设计的现代内容，主要是从人类的心理精神感受需求出发，根据人类在环境中的行为心理乃至精神活动的规律，利用心理文化的引导，研究如何创造便人赏心悦目、浮想联翩、积极上进的精神环境。

Visual landscape image is known as the main from human perception, according to the requirement of aesthetic rule, use a space to create landscape study concoction of environmental image.

A SPACE AND SAMSARA OF BIRTH

空間 + 輪回 = ?
A SPACE AND SAMSARA OF BIRTH

庭院般度假庄规划设计方案

作者：陈三　罗进苗
指导：彭洁　周春华

Bird's -eye view

效果图的表现，以人为本体现博爱

环境设计的最终目的是应用社会、经济、艺术、科技、政治等综合手段，来满足人在城市环境中的存在与发展需求。它使城市环境充分容纳人们的各种活动，而更重要的是使处于该环境中的人感受到人的高度气质，在美好而愉快的生活中为人们的情感和进取精神，人是城市空间的主体。任何空间环境设计都应以人的需求为出发点，体现出对人的关怀。根据婴幼儿、青少年、成年人、老年人、残疾人的行为心理特点创造出满足其自需要的空间。如运动场地、交往空间、无障碍通道等，时代在进步，人们的生活方式与行为方式也在随着发生变化，城市景观设计应适应变化的需求。

人力的结构，秉承自然要素自然

自然环境是人类赖以生存和发展的基础，其山地地貌、河流湖泊、绿化植被等都是构成城市的宜意景观要素，尊重并强化城市的自然景观特色。使人工环境与自然环境和谐并融，有助于城市特色的创造。古代人们利用风水学说在城址选择，房屋建造，使人与自然达成"天人合一"的朴素方法为我们提供了根好的参考指导。今天在保留城市地貌上像林之物都是中能模糊削弱而入自然景观要素，不仅对造成城市生态平衡，维持城市的持续发展具有重要意义，同时以其互为热的老树特征"软化"城市的硬体空间，为城市景观注入生气与活力。

Landscape ecological planning should follow the principle of designMore and more in the design of landscape stylist to follow the principle of ecological principle, these forms are various, butspecific to each design, can only reflects one or several aspects.
Usually, if a design more or less in these principles and applications are likely to be called "the ecological design".

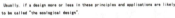

生态系统：
系统景观思想，
根具有结构、功能及内外
存在联系的有机系统，强调时空异
质性、尺度变化和等级层次性，以景观生
态学为标志，最终还是以和谐整个景观环境设计。

空间分布

A SPACE AND SAMSARA OF BIRTH

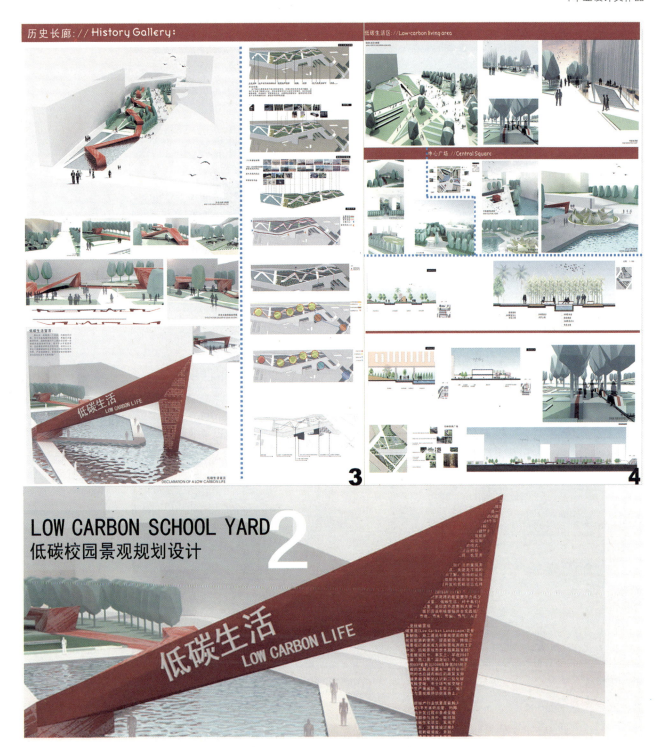

| 地域特色 | 建筑与环境艺术设计专业 | 教学成果作品集（下）

NO.1 工业化时代与现代设计 ——沈阳长白景观桥室内外休闲空间环境设计
Interior and Exterior Design of Shenyang Changbai Bridge

一 基地分析

自然环境

长白岛位于沈阳市城区南部，浑南新区西侧，地处浑河南岸，北与和平区老区隔浑河相望。沈阳长白桥是连接长白岛——沈阳浑河以及挖掘的内河形成的一座人工岛和浑河南岸的一座以休闲娱乐为主要功能的景观桥。周围环境宜人，桥两岸覆盖大片绿地，是附近居民休闲度假区。

历史背景

沈阳是闻名遐迩的历史文化名城。因地处古沈水（浑河支流）之北而得名。沈阳是新中国成立初期国家重点建设起来的以装备制造业为主的全国重工业基地之一，在经济全球化迅猛发展的今天，面对全面实施振兴东北老工业基地的重要战略机遇。浑南新区前身为沈阳国家高新技术产业开发区为国家级高新区，是国家科技部重点扶持的10个高新区之一。浑南新区总面积120平方公里，常住和流动人口20余万人。总体规划为高档技术产业区、高档次商务中心区、高品质居住区、高等级大学城和浑河观光旅游带。

二 设计理念

设计主题

现在沈阳正处于作为国内著名的老工业基地向新型工业基地转换的重大历史阶段，旧工业文化与高新科技融合反映出沈阳现今的经济发展趋势和地域文化的发展的趋势。

长白桥作为连接沈阳新区和老区的纽带，应具有一定的时代特色。设计中以现代的装饰手法诠释工业时代的情愫，表现沈阳独特的地域文化，让我们的城市多一份珍贵的记忆。

功能地位

长白桥为休闲娱乐为主的景观桥应具有餐饮、娱乐、休闲、展览体验等功能。使人们在休闲的同时品鉴沈阳的历史文化。

工业文化展示
工业主题餐厅 咖啡厅
书店 纪念品商店
音像店
步行街 室外休闲区

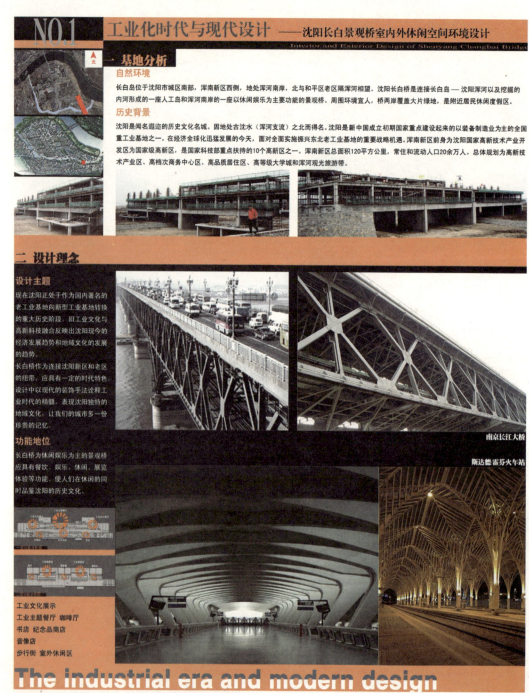

南京长江大桥

斯达德霍芬火车站

The industrial era and modern design

问春宁 / 沈阳建筑大学设计艺术学院　指导教师：迟家琦
沈阳长白桥室内外休闲空间环境设计

毕业设计类景观设计优秀奖

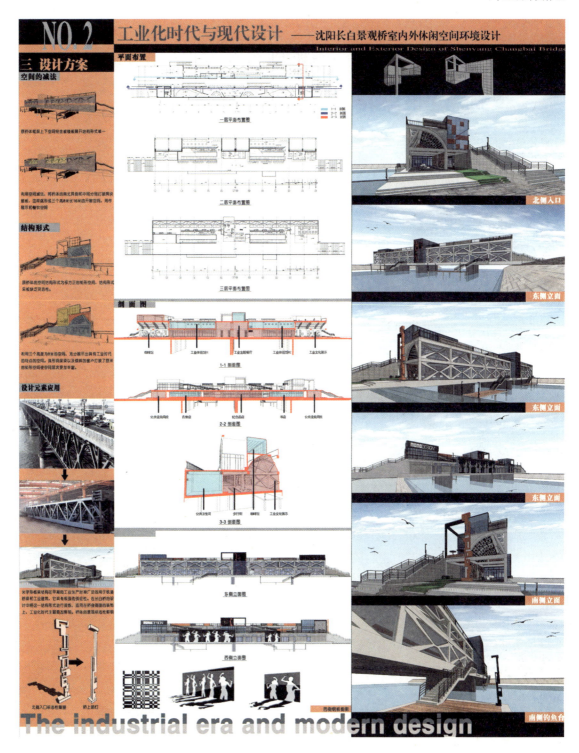

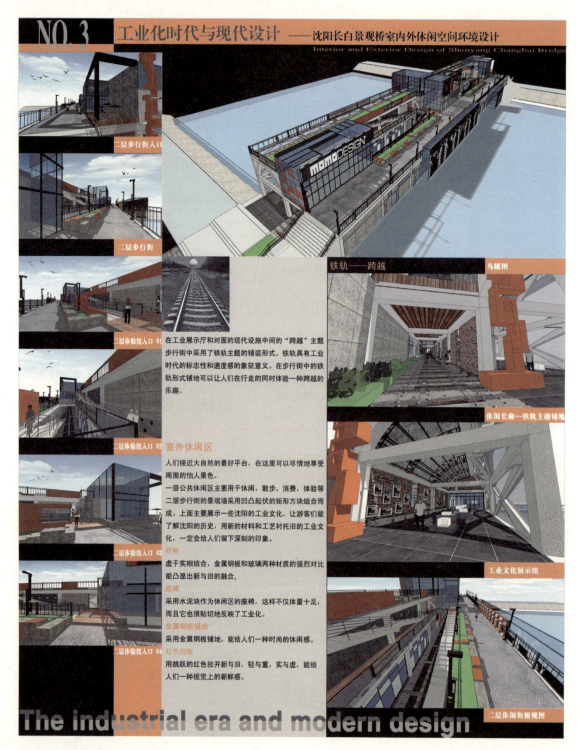

NO.4 工业化时代与现代设计——沈阳长白景观桥室内外休闲空间环境设计

Interior and Exterior Design of Shenyang Changbai Bridge

室内空间设计

工业主题餐厅

不规则线条的切割应用到室内设计中来，表达了对大工业的另一种解读——无情的切割、不折不扣的流水线和最基本的经济学原理，不规则的充满视觉冲击的线条对原有空间进行直观的切割，丰富了室内空间层次。体现工业时代切割机的无情，钳机的一丝不苟。

特色纪念品店

特色纪念品店

指导教师评语

一定的区域经济会孕育出相应的地域文化，在沈阳人心中，工业已经不再是一个经济概念，而是镌刻在血脉中的图腾。该项目位于沈阳浑南新区，作者将反映沈阳地域文化和时代特征的图腾——工业文化定位为设计主题，在建筑环境风貌方面的探索有所创新。该设计的功能分区合理，流线明晰，合理地利用建筑的框架结构，巧妙地组织空间关系。室外环境景观和室内装饰设计主题明确风格协调统一，创造出了一系列高雅而又充满文化内涵的休闲空间场所。

The industrial era and modern design

| 地域特色 | 建筑与环境艺术设计专业 | 教学成果作品集（下）

中国西部国际艺术城
西安美术学院新校区景观规划

LANDSCAPE PLANNING AND DESIGN

借古·开今

1

西安美术学院新校区现状介绍
Status description

就目前周边环境状况分析，长安校区距西安市区为17.5公里，西侧毗邻子午大道，交通便利，便于车辆往来，地形为北高南低，自北向南分为三个等高层，落差在5~10米之间，有着相对开阔的视野，南部与河流紧密相邻，风景优美宜人。乘车距秦岭终南山仅有几里之遥，地理位置优越。东侧有一村庄，人口分布密集，其部分用地现为西安绿通园艺公司使用，植被茂盛物种繁多，为以后新校区的建设植物配置提供了相对便利的条件。

设计理念
Design concept

西安古称长安，历史上先后有周、秦、汉、唐等13个王朝在西安建都，历时1100多年，其中汉、唐两代，是中国历史上的鼎盛时期。在汉、唐时期，西安是中国政治、经济、文化和对外交流的中心，也是当时人口最早超过百万的国际大都市。"东有罗马，西有长安"，西安与世界名城雅典、开罗、罗马齐名，同被誉为世界四大文明古都。

基于西安浓厚的历史文化底蕴，在西安美术学院新校区建设规划上，我们以国际化的眼光来规划设计，同时将中国传统元素与现代设计手法相结合，旨在营造西部国际艺术城的魅力特色。

创意来源
Creative Source

元素演变过程图解（一）

元素演变过程图解（二）

设计方向
Design Direction

本方案的设计方向依照西安美术学院发展要求，借古开今，发扬和传承传统文化，将传统要素很好地运用在新校区的规划设计当中，并从中力求体现传统要素在现代化设计中的作用，彰显艺术的魅力，用传统的要素设计出当代国际化的规划和景观设计方案。

功能分布图

- 商业展览区
- 行政教学区
- 媒体交流中心
- 国际艺术家工作室
- 居民生活区
- 国内艺术家工作室

区域划分
Zoning

西部国际艺术城分为四个部分六个区域：生活服务商业区、博物馆区、教学区、创作实习区、国际交流会展区、艺术家工作室区。
1. 生活服务商业部分（区）：包括综合服务中心、艺术购物街、画廊；
2. 博物馆部分（区）：西部石刻雕塑艺术博物馆、雕塑露天展示区；
3. 教学及创作实习部分：分为教学区、创作实习区，包括：行政办公区、生活区、创作实习区、展示区；
4. 艺术家工作室部分：分为国际交流会展区、艺术家工作室区，包括：国际学术研究交流中心、名家工作室、艺术家会所、艺术家工坊等。

规划说明
The Introduction

方案以"规划—景观—建筑"整体设计的观念，建筑群与景观有机的融合，着力营造校园的"第二自然"，凸现场地的特征，追求景观设计在环境中的自由表现，力求使景观和校园生活特色，校园生态环境和公共活动空间达到完美统一。

规划设计构思特点可以概括为"山、水、树、人"四个字。
1. 山 尊重和保护原有地形的自然形态，使建筑以低密度的、开放性的、依照地形而规划建设。
2. 水 以河流为主体，与校园内部水体形成人工景观湖面，兼顾南面临河的景观条件，形成河、湖、泉的多层次校园水景。
3. 树 保持原基地良好的植被，将校园空间与之有机融合为一体。利用园林公司所在地的优势，减少树木植被运输过程中的工程损耗。
4. 根据校园生活行为特征组织公共生活空间，使之与景观相融，营造一种充满诗意的田园牧歌式的大学生活意境。

规划依据
Planning basis

西安市道路规划卫星图网

在校区的建筑规划和景观规划上，我们沿用了西安市自古以来所特有的规划风格即正南正北的思想，考虑地形的前提下，尽量按照西安传统的规划思想，这样有利于人们进入校区内后正确地分辨方向，同时也能在最短的时间到达所要去的位置。最重要的一点是沿用古人所倡导的"无规矩不成方圆"的思想，希望美院能在正确的管理下有良好的发展。

根据实地情况，考虑到周边的环境设施，依据西北地区的气候和水温要求，在规划上依照相关数据，严格把关。

王俊杰、张晓博、李琳鹏、曲朝辉 / 西安美术学院　指导教师：李建勇

中国西部国际艺术城——西安美术学院新校区景观规划设计

毕业设计类景观设计优秀奖

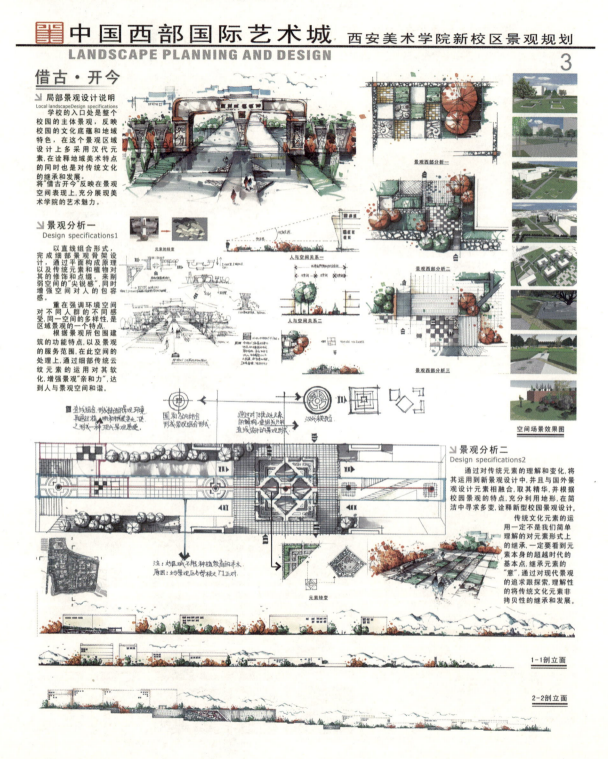

中国西部国际艺术城
西安美术学院新校区景观规划
LANDSCAPE PLANNING AND DESIGN

4

借古·开今

大地艺术平面图效果图

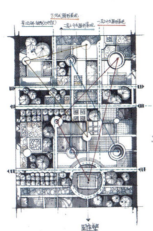

大地艺术介绍
Earthwork

大地艺术是指利用大地材料、在大地上创造的、关于大地的艺术。艺术家通常使用来自土地的材料，例如泥土、岩石、沙、火山的堆积物等，作品常常是在远离人烟的沙漠或荒地。

此设计中的大地艺术想要表达的也是人们对现代都市生活和高度标准化的工业文明的一种反叛，主张返回自然，通过自然环境中的植物、泥土和石头等来创造更为有意思的人居环境。我国的围棋，国画是艺术的精粹，只有将这些元素运用到设计当中，使人与景观具有了亲密无间的联系。大地艺术以大地作为艺术创作的对象，故又有土方工程、地景艺术之称。早期大地艺术多现场施工、现场完成，其作品给观者以宏伟的艺术视觉韵味和身临艺术内在本质的感受。

景观分析三设计说明
Design specifications

以中国古典元素为设计灵感来源，通过元素的抽象变形以及根据黄金分割比例的设计原则，来塑造一个独特的校园局部环境空间。

创意来源
Source of inspiration

此大地艺术的设想，来源于中国古代的围棋棋盘，围棋乃中国文化精粹之一，其中奥妙变化万千，是国人智慧之所在，将其与现代艺术手法结合，从而作出奇妙的景观效果。

局部景观平面图

元素演变过程图解（二）

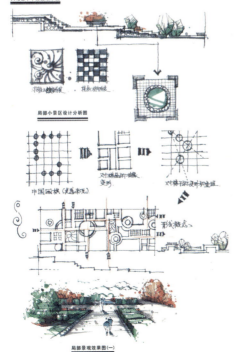

局部小景区设计分析图

局部节点平面图

元素分析

局部景观效果图（一）

局部景观效果图（二）

地域特色 | 建筑与环境艺术设计专业 | 教学成果作品集（下）

基于自然之上的人工
北塘国际商务会议中心及其景观规划设计
Beitang International Business Conference Center Landscape Planning and Design

姓名：王成业
指导老师：王铁

Beitang is located in Tanggu District, Tianjin, northern-most point Jiyun and Yongding New River estuary. East Bohai Sea, fishing developed to facilitate shipping. Beitang built in the Ming King beginning has been more than 600 years of history are guarding Beijing and Tianjin's strategic location. Here retains the rooftop Temple, Phoenix Street, Yamen.

会议区位于天津市北塘地区，在永定新河南岸，杨北大街北比，西邻北塘水库，东划汉北路彩虹桥。区域内包括三河岛以及北塘小镇原址。并留有引入河水的进水口和水港。
设计范围是规划区域的东南角，位于前庄与北塘小镇的中间区域。基地内有大面积的鱼塘，为设计提供了一个良好的机理。

1. 北塘小镇
   北塘地处天津市塘沽区最北部，东临渤海湾，南邻天津港，西靠开发区，北傍化工园（区），自然环境清幽宁静，自古素有"渔猎之乡"之称。清初已是闻名津京及冀东一带的渔业重镇。近年来北塘旅游开发蓬勃，成为塘沽地区的新兴产业。

2. 前庄
   前庄与鱼塘密切相连，被基地三面包围，与基地呈并置的状态，对前庄现状和历史街的研究将是设计的一条重要线索。

3. 三河岛　与　彩虹大桥
   三河岛与彩虹大桥是基地内的背景，基地纵向向西走势，使其成为视觉的焦点，彩虹桥的曲线与基地内的动线相呼应。

设计说明：
1. 设计意在研究基于自然视野下的人工形态。自然作为原有的存在，往往是设计之前1提。方案在自然、人以及人工三者之间关系的研究之上寻求契机，结合基地现状，通过生产、生活、生态三层垂直结构体系，来构筑了一个以人为本，自然与人工并置的平行空间。
2. 自然的形成遵循着一定的规律，通过对生物演化规律的研究，设计者以叶子为母体，将叶子的结构抽离，再注入景观结构体系之中。叶脉、叶髓、细胞、气孔等自然要素在人工构筑体系下得到应用，自然融入人工，人工师法自然。

生态层 ecosphere
即立面屋顶，通过绿色植被建筑屋顶，在整个视觉上美化环境的同时，改善人们的生存空间，工艺的自然，弱化掉人工，让人工自然化，达到生态自然。

生活层 life
即建筑内部，它是人活动的空间，功能的主导。根据不同业态，收获客等等的布局。

生产层 produce
即地表泥场地。它是大限度的保存地表构成，并使设计回到大自然的手法之中，其实也是一种回归。使命取景等都是综合的生产。

Design Notes:
1. The design is intended to study the natural perspective on artificial form. The inherent nature as there is often a mention before design, program in the natural, human and artificial research on the refationship between the three to seek an opportunity to combine those, through productive, living, three vertical structure of ecological systems, to build a people-oriented, natural and artificial juxtaposition of parallel space.
2. Nature follows certain laws of formation, through the study of biological evolution, the designer leaves the mother, the structure of the detached leaves, and then injected into the landscape structure system, leaves, veins, cells, stomata and other natural elements in the artificial construct system applied under the natural into the nature. Artificial Nature as Teacher.

王成业 / 中央美术学院　指导教师：王铁
基于自然之上的人工——北塘国际商务会议中心及其景观规划设计
毕业设计类景观设计优秀奖

毕业设计类作品

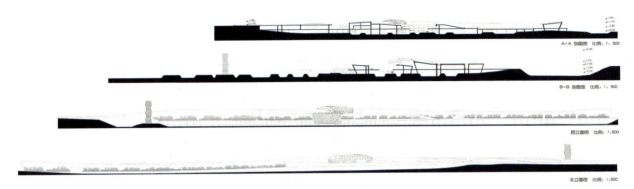

A-A 剖面图 比例：1：500
B-B 剖面图 比例：1：500
西立面图 比例：1：500
北立面图 比例：1：500

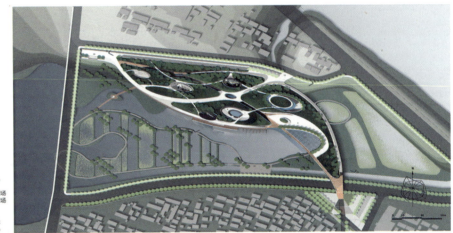

1. 主入口广场
2. 木平桥
3. 水池
4. 休憩平台
5. 树池座椅
6. 坡地草坪
7. 活动绿地
8. 下沉庭院
9. 落水庭院
10. 观景平台
11. 亲水栈台
12. 螺旋坡道
13. 景廊
14. 天桥
15. 露天剧场
16. 休闲椅
17. 林间广场
18. 停车场
19. 次入口广场
20. 北入口广场
21. 密林
22. 雨燕塔
23. 鱼塘湿地
24. 河岸广场

099/景观设计

滨水区景观

北入口观景效果图

滨水景观

坡道景亭

中心广场与会议厅效果图

落水庭院与鱼塘

南入口景观效果

夜景鸟瞰图

刘晓静、白世龙、李根、罗佳 / 湖北师范学院美术学院　指导教师：戴菲

广州同泰路段——亚运主题公园景观设计方案　　　　毕业设计类景观设计优秀奖

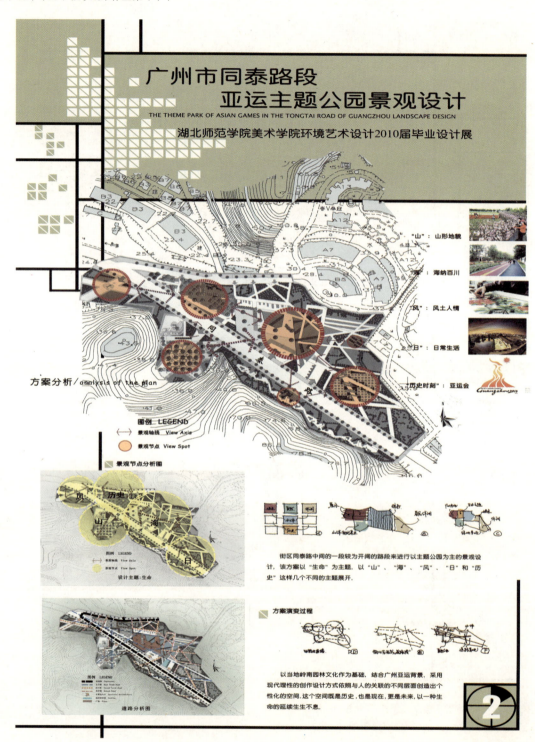

广州市同泰路段

THE THEME PARK OF ASIAN GAMES IN THE TONGTAI ROAD OF GUANGZHOU LANDSCAPE DESIGN

亚运主题公园景观设计

湖北师范学院美术学院环境艺术设2010届毕业设计展

公园鸟瞰图

鸟瞰图 / airscape of the theme park
种植分析 / the analysis of vegetation

主题公园位于同泰路中段，行车道将主题公园分隔，两边都变大面积山体。方案中以几何形体构成平面形式，水体、绿化、铺地都以简易的几何图形组成，以直线穿插形式为主的道路将各区景观连接。

种植分析图

广州市同泰路段

THE THEME PARK OF ASIAN GAMES IN THE TONGTAI ROAD OF GUANGZHOU LANDSCAPE DESIGN

亚运主题公园景观设计

湖北师范学院美术学院环境艺术设计2010届毕业设计展

▨ 节点景观方位

▨ 2010广州亚运会的运动项目标志与会标一样，用动感的曲线完成标志的整套设计。

▨ 此处景观以亚运运动项目标志为原型，做成雕塑，以不同的高度、规则的置于绿地当中，形成亚运空中景观。

主题公园节点景观

▨ 行道景观效果

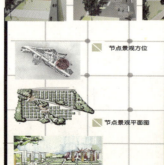

▨ 节点景观方位

▨ 节点景观平面图

▨ 节点景观效果

▨ 节点的小品同样也是以几何图形为原型的造型小品，与平面形式以及铺地分割相一致。

▨ 竖立的框架成为视觉上的引导，同样具有道路的指引作用。

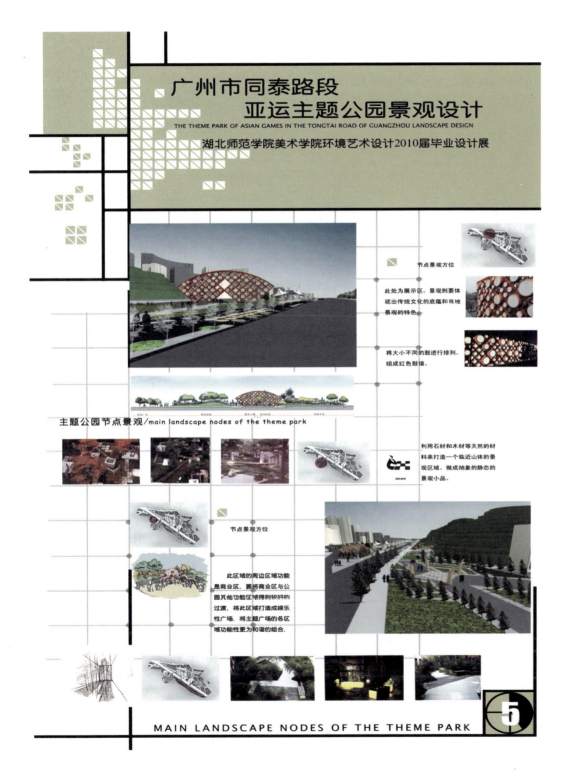

建筑设计

地域特色 | 建筑与环境艺术设计专业 | 教学成果作品集（下）

01_ 特钢三厂结构分析

后世博研究
——宝钢大舞台再利用设计
The Reuse of Baosteel Stage at Post EXPO

指导老师： 王海松、谢建军
设计人： 章瑾

设计说明：

作为一个时间限制十分强的事件性活动，世博会所有的目标指向都是取得在一个目标时间段内的成功。但是真正留给上海人民，留给中国的会后价值，才是上海世博会最终的价值认定。本设计是旧工业厂房的三次改造，意图延续建筑为适应周围环境而做的功能更新，着眼于上海旅游业，希望新功能的转换能服务于人们游玩、娱乐的需求，以游乐场作为改造方向。

游乐场建筑本身需具趣味性。在这个设计中建筑功能与建筑形态的关系被作为重点考虑。游乐设施的形态结合建筑结构，能够利用建筑现有框架承受荷载。同时厂房建筑特有的钢排架形式成为增加游乐刺激性的途径之一。

每一次改造都会在建筑中留下痕迹。设计中以不同颜色予以区分。于此，建筑的生命历程得以清晰呈现，这也是对建筑，对每一次改造的尊重。

总体特征
- 单层钢结构厂房

结构特征
- 主厂房钢梁柱距为9m（13a#~14a#为6m）
- 主厂房钢梁柱高度24m 炼钢平台（约1500m², 距地面5m）
- 连铸车间钢筋混凝土结构柱距为12m（1#~2#为17m）
- 连铸车间钢筋混凝土柱高度30m

立面特色
- 主厂房屋面三个生产用排烟烟罩
- 生产用行车梁

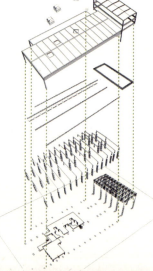

主厂房（钢结构排架 8660m²）
连铸车间（混凝土排架 2540m²）

主厂房钢结构排架

连铸车间钢筋混凝土排架

章瑾 / 上海大学美术学院　指导教师：王海松、谢建军
后世博研究——宝钢大舞台再利用设计

毕业设计类建筑设计金奖

毕业设计类作品

02_ 宝钢大舞台结构分析

03_ 游乐场结构分析

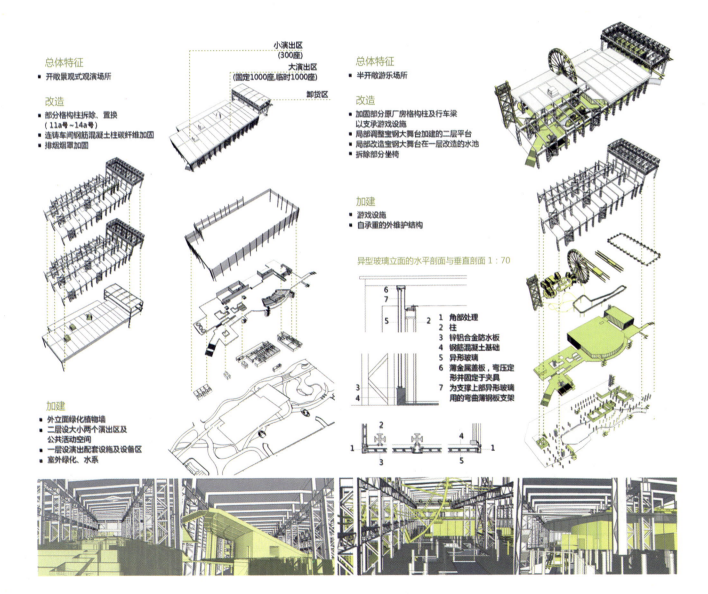

总体特征
- 开敞景观式观演场所

改造
- 部分格构柱拆除、置换（11a号~14a号）
- 连铸车间钢筋混凝土柱碳纤维加固
- 排烟烟罩加固

加建
- 外立面绿化植物墙
- 二层设大小两个演出区及公共活动空间
- 一层设演出配套设施及设备区
- 室外绿化、水系

小演出区(300座)
大演出区(固定1000座,临时1000座)
卸货区

总体特征
- 半开敞游乐场所

改造
- 加固部分原厂房格构柱及行车梁以支承游戏设施
- 局部调整宝钢大舞台加建的二层平台
- 局部改造宝钢大舞台在一层改造的水池
- 拆除部分坐椅

加建
- 游戏设施
- 自承重的外维护结构

异型玻璃立面的水平剖面与垂直剖面 1:70

1 角部处理
2 柱
3 锌铝合金防水板
4 钢筋混凝土基础
5 异形玻璃
6 薄金属盖板,弯压定形并固定于夹具
7 为支撑上部异形玻璃用的弯曲薄钢板支架

111/建筑设计

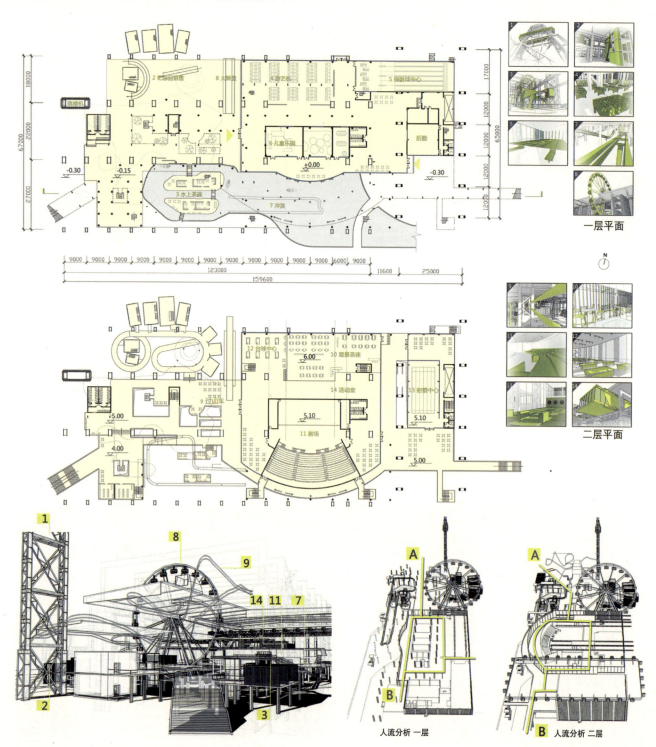

毕业设计类作品

剖面

40.00
30.00
24.00

5.00
+0.00
-0.30

北立面

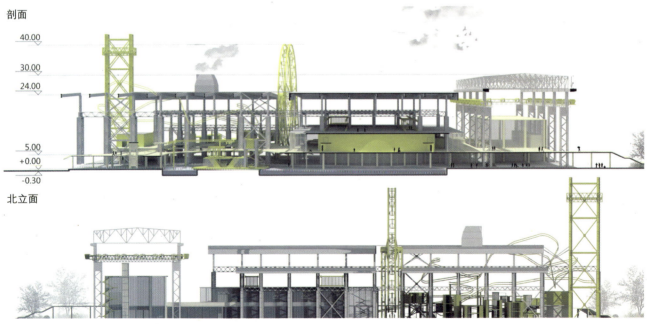

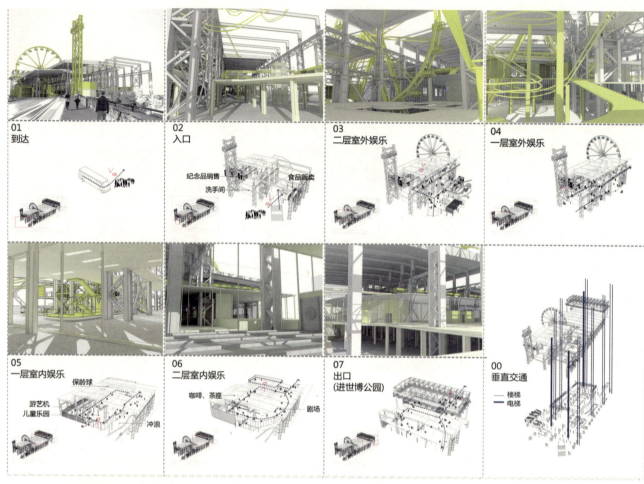

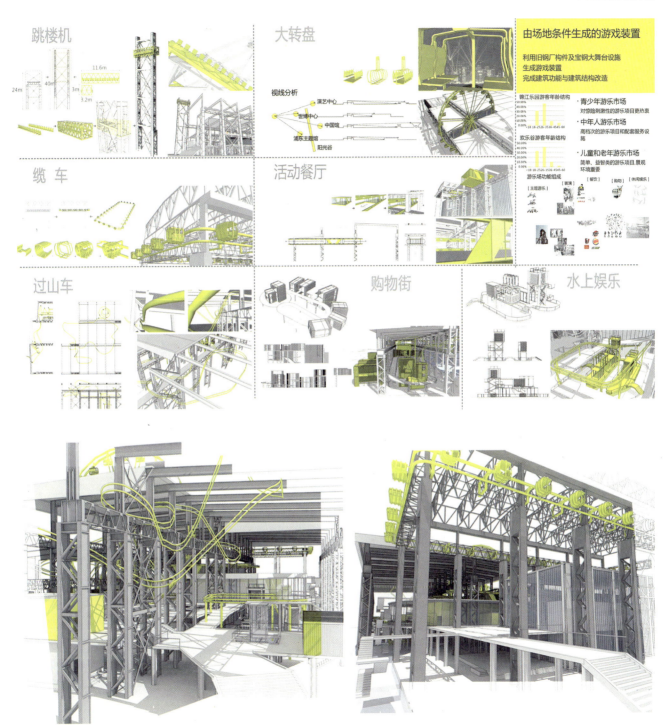

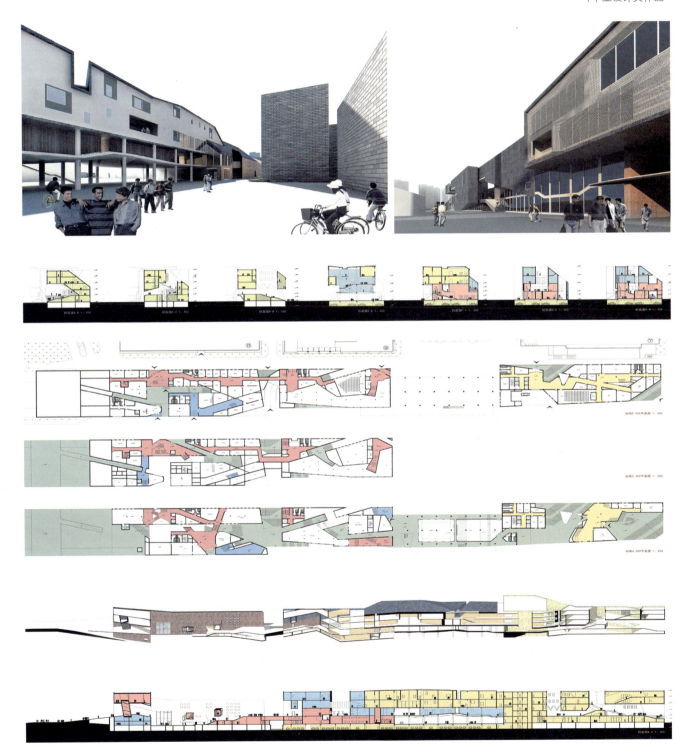

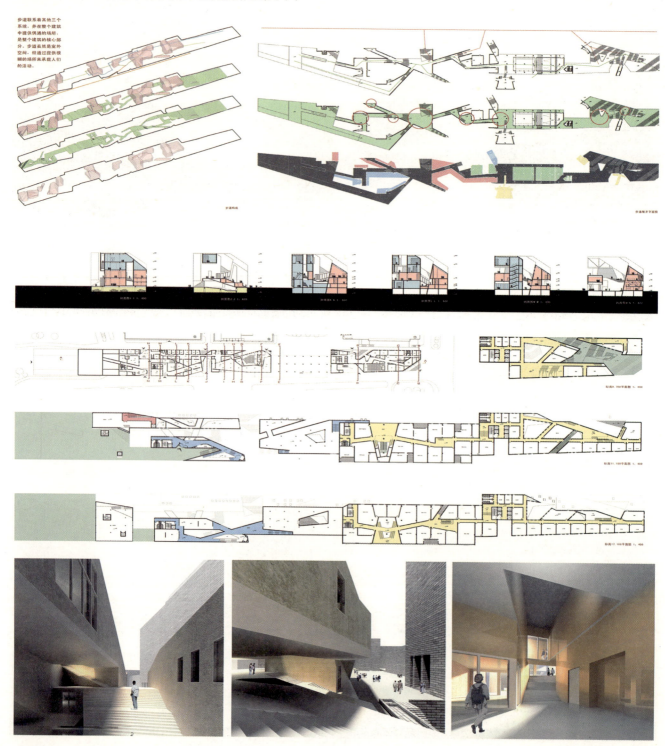

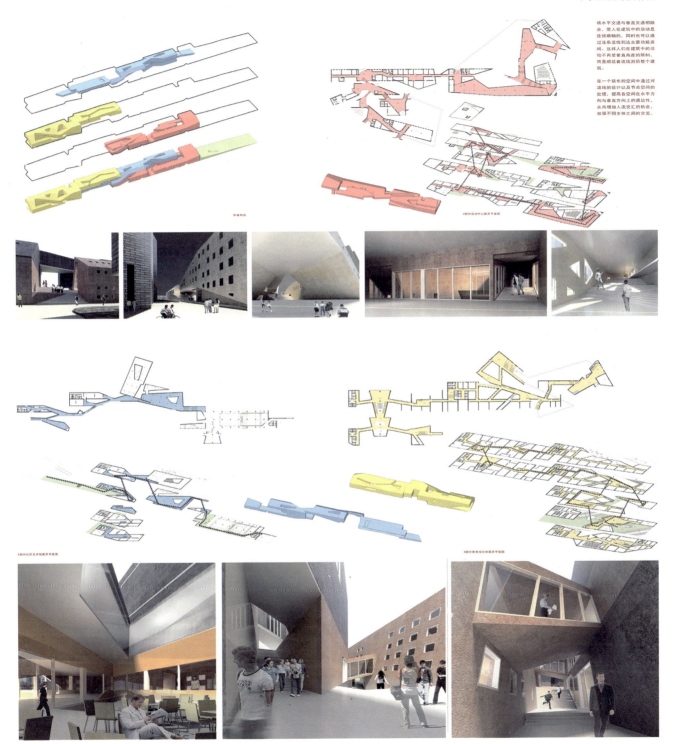

地域特色 | 建筑与环境艺术设计专业 | 教学成果作品集（下）

十八梯片区建筑单体设计　新吊脚楼 01

STEP ONE
GROWING ELEMENTS
之**要素衍生**

PROTOGRAPHY
建筑原型

山地建筑原型是什么？重庆特色建筑的原型是什么？大观坪展示的建筑原型是什么？
吊脚楼说"是我"

新吊脚楼

TOPOGRAPHY
地形

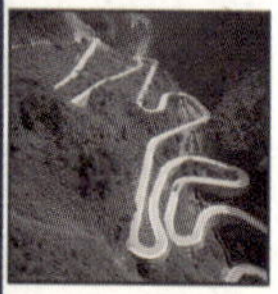

怎样的空间模式是山地需要的？怎样的空间模式是过去人们用来解决山地交通的？
我说："这个问题值得思考"

Z字形交通

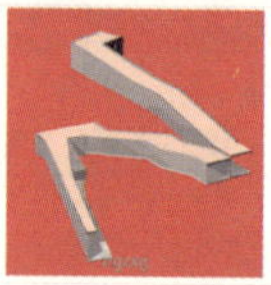

PUBLIC PARTICIPATION
公共性

十八梯城市阳台的私密度如何？
我说："它很开放"
怎么才能开放？
我说："每个人都能直接使用时，就开放了"

公共屋顶

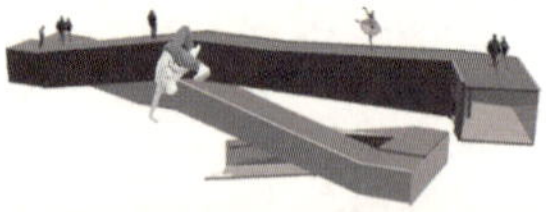

TEXTURE & MATERIAL
肌理&材料

吊脚楼问匠人"你会给我什么质地？"
匠人回答说"我只有藤条和木头"

竹网肌理

GODDESS
岩壁观音

大观坪特有，重庆最老观音像之一
重塑祭拜空间是设计要素之一

沿途观赏

王辰朝 / 四川美术学院　指导教师：黄耘、周秋行
十八梯片区建筑单体设计

毕业设计类建筑设计银奖

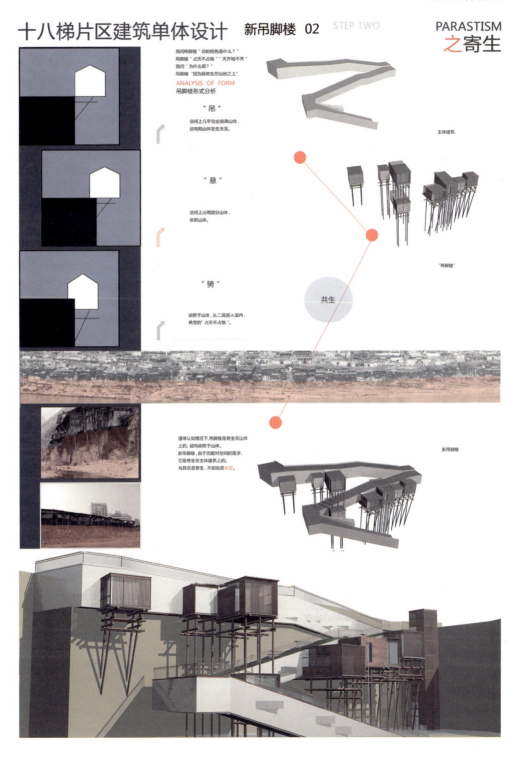

十八梯片区建筑单体设计　新吊脚楼 03

EMERGENCE 之生成

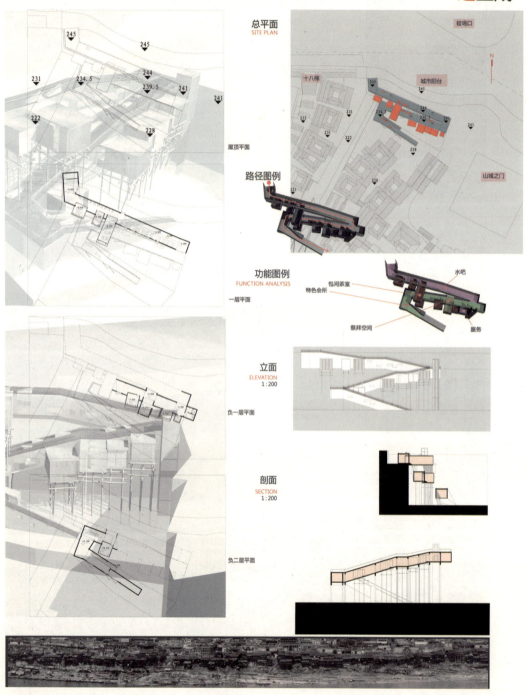

十八梯片区建筑单体设计　新吊脚楼 04

毕业设计类作品

EMERGENCE
之生成

DETAILS

123/建筑设计

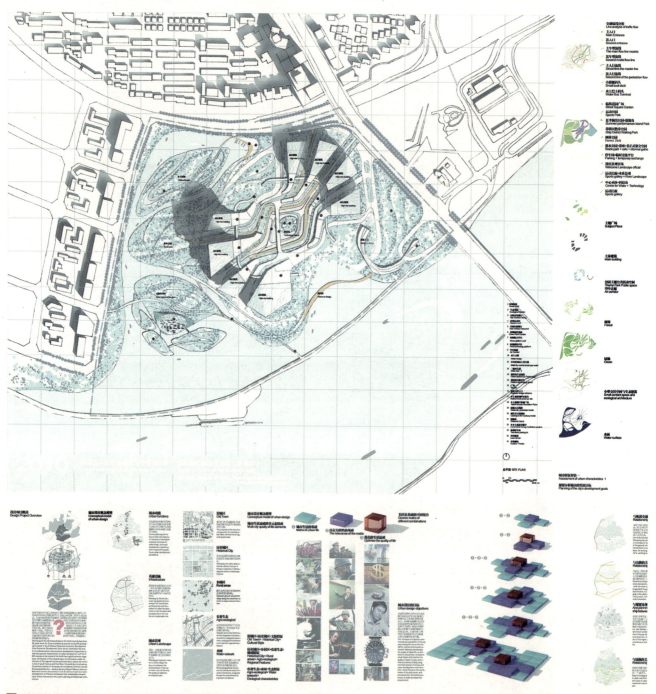

阎明／鲁迅美术学院　指导教师：马克辛、文增著、曹德利
沈阳市标志性建筑与景观设计

毕业设计类建筑设计银奖

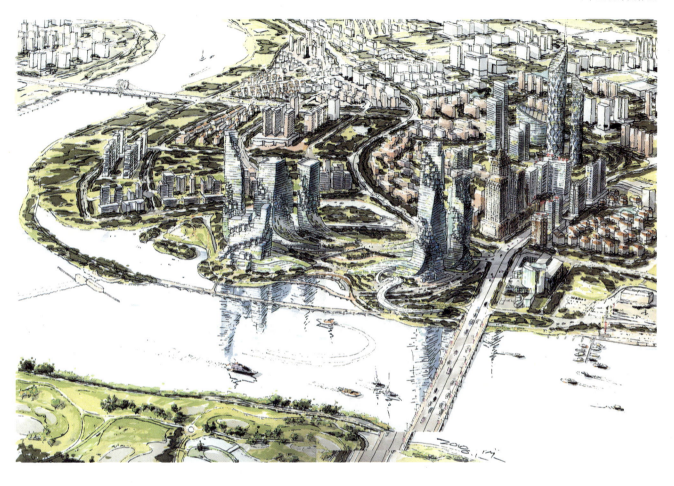

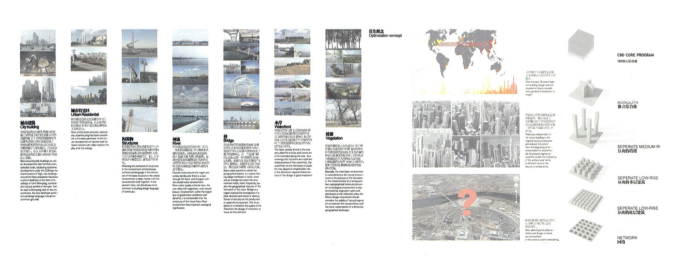

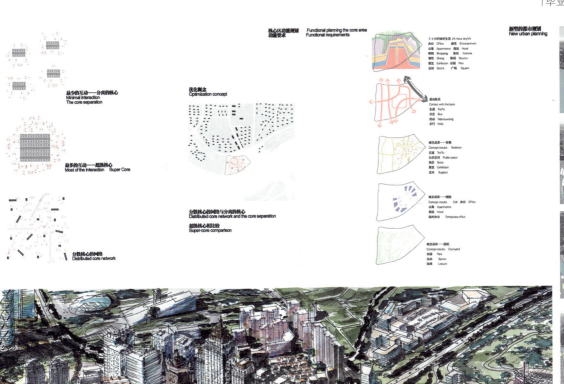

毕业设计类作品

广州气象科学中心
―――从半凝固液态引发的非随意性曲面建筑设计研究

Guangzhou Meteorological Science Center
―――Non-random Surface Architectural Design Research Induced From Semi-solidified Liquid

设计说明
Project Explanation

通过漆的液体力学研究，从漆的纹理形成到网格式组合、连续体力学对结构优化的模式，建立出一套系统的参数。并试图通过这些参数生成广州气象科学中心最佳的功能组合模式和对复杂结构优化。从自然物态寻求最优化的系统，再应用于建筑。

Fluid mechanics through the paint from the paint to form a grid-type texture combinations, continuous physical study of the structural optimization of the model, to establish a set of system parameters. And attempts to generate these parameters to monitor the Guangzhou Meteorological Center, the best combination of features models and optimization of complex

作　　者：杨杏华　吴素平　叶建雄
指导老师：许牧川
学　　校：广州美术学院

项目定位

把项目建设成为一个能迅速处理、发布各类气象预警信息的服务中心和一个种类较齐全的城市气候监测系统，使广州市的气象预警、气候分析和应对突发事件的能力达到国内大城市的前列，同时是一个气象科学中心的教育基地，并成为一个气象文化标志性建筑。

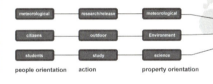

提高广州气象科学中心在世界上的认知度。

基地周边环境

礼村和植村作为快速发展的城中村，村落被破坏，市民的公共空间减少，生活质量受到威胁，故此希望气象科学中心景观部分还原为市民的空间，同时把气象科研知识普及化和生活化。

地块分析
项目规模：用地总面积53992m²，其中总建筑面积9200m²

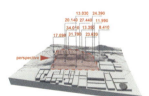

基地交通

基地全景图　photo of the site

杨杏华、吴素平、叶建雄 / 广州美术学院　　指导教师：许牧川
广州气象科学中心

毕业设计类建筑设计铜奖

漆（流体）的研究
Research of the Lacquer

阳江漆（下面简称为漆）是一种采自漆树树皮部的乳胶状天然涂料。为一种黏稠性的胶质物，具有凝固、防水与硬化成形的功用，质地坚硬、能耐酸碱。常应用于保护器物不破坏。

研究方式

选取最高点，张力集中点

纹理方向将最高点连线

低点是与张力抗衡的挤压力

力的挤压作用重新生成纹理

以漆的参数生成网格

漆的纹理生成原理

漆的凝固过程是氧化重合过程，因液体内部力学作用，平置于界面经过一段时间会产生隆起的皱褶。

液体尽量达到能量……

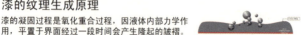

漆的纹理生成原理

由漆的原理转译到空间组合

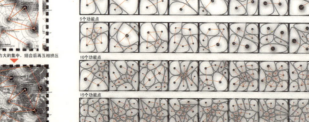

在一定量的漆液中，分子的互相吸引及排挤，形成了纹理，力的大小影响纹理组合，并被一条有韵律的连续性动线所引导。力的影响范围形成的区块大小决于力的大小及距离。

连续形态的生

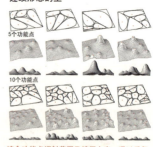

综合功能点辐射范围及挤压力度，通过反复修正设计参数，结构体将不断调整自行生成未知结构形态，直至与需求相吻合

漆的连续体研究（倒挂时形成的平衡状态）

漆之间相互推挤和牵引的力，通过质量守恒和动量守恒使得液体保持稳定的状态。

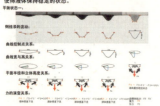

通过力学和曲线关系模拟生成漆倒挂

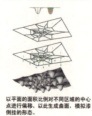

以平面的面积比例对不同区域的中心点进行偏移，以此生成曲面，模拟漆倒挂的形态。

漆的连续体转化为支撑结构

平衡状态二：

通过力学和曲线关系模拟生成漆倒挂的平衡形态二

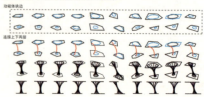

第一阶段：功能区域划分
STEP 01　The Layout of the Function

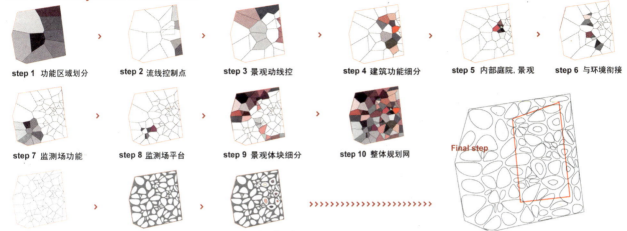

第二阶段：室内结构应用
STEP 02　Structural of Interior

以自然物态的组合方式划分楼板上的功能需求，并以漆的倒挂平衡状态应用于室内结构

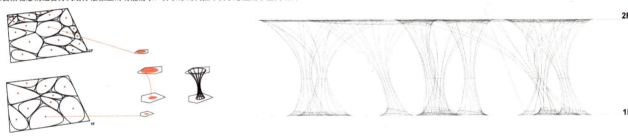

第三阶段：建筑形态生成
STEP 03　Architectural Form

平面上的反馈系统
对于功能区域分割及组合涉及个体的形态、面积及进深等关系。系统参数调整中得出数据符合形式与功能需求的形态。

立体上的反馈系统
依据功能聚集的程度模拟漆受力生成的曲面再通过尺度等限定要求作出选择及修改，得到最终符合功能需求的最优化曲面。

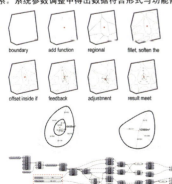
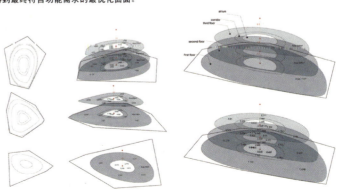

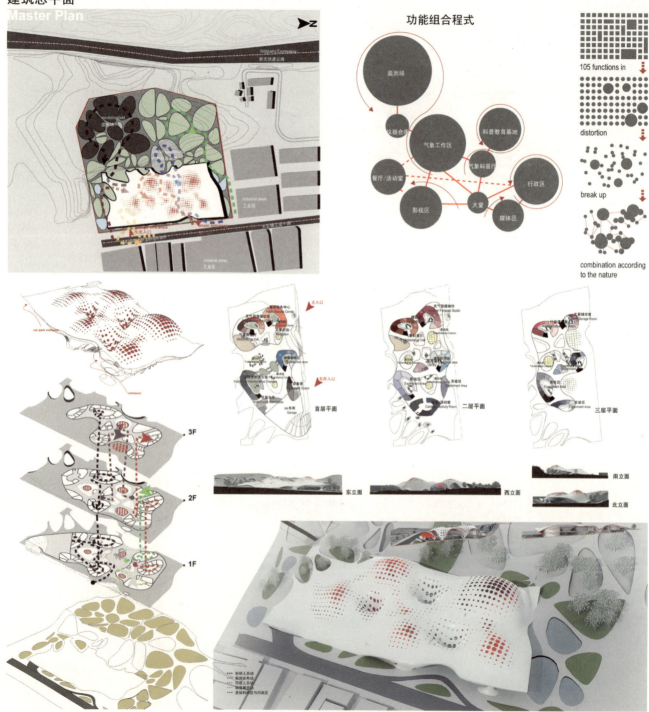

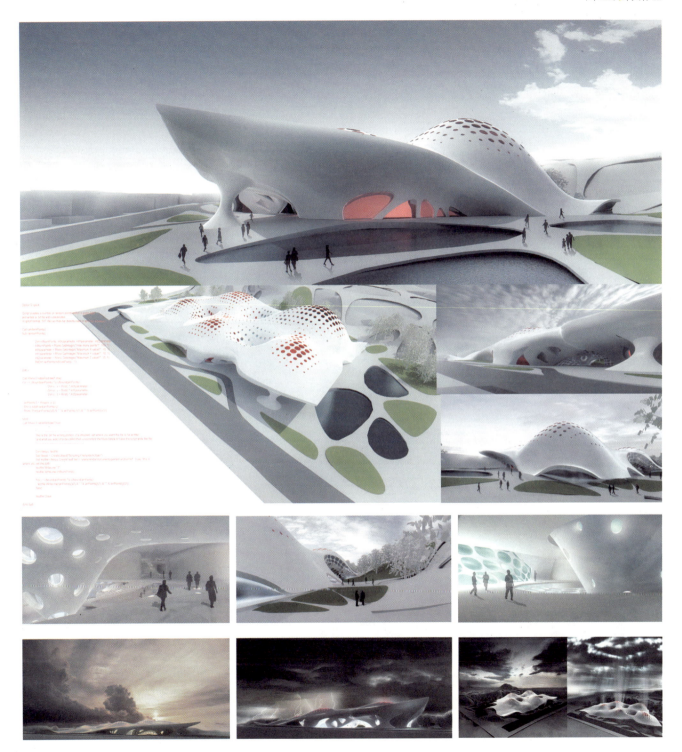

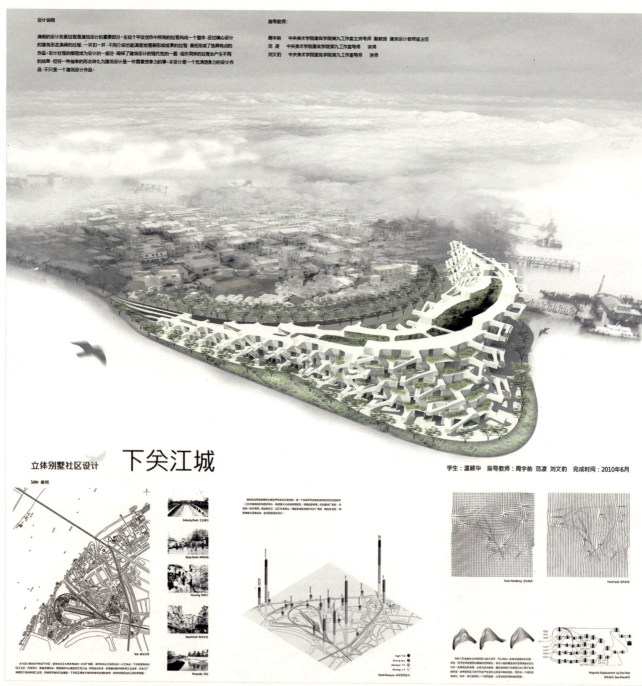

温颖华 / 中央美术学院　指导教师：周宇舫、刘文豹、范凌
下关江城——立体别墅社区设计

毕业设计类建筑设计铜奖

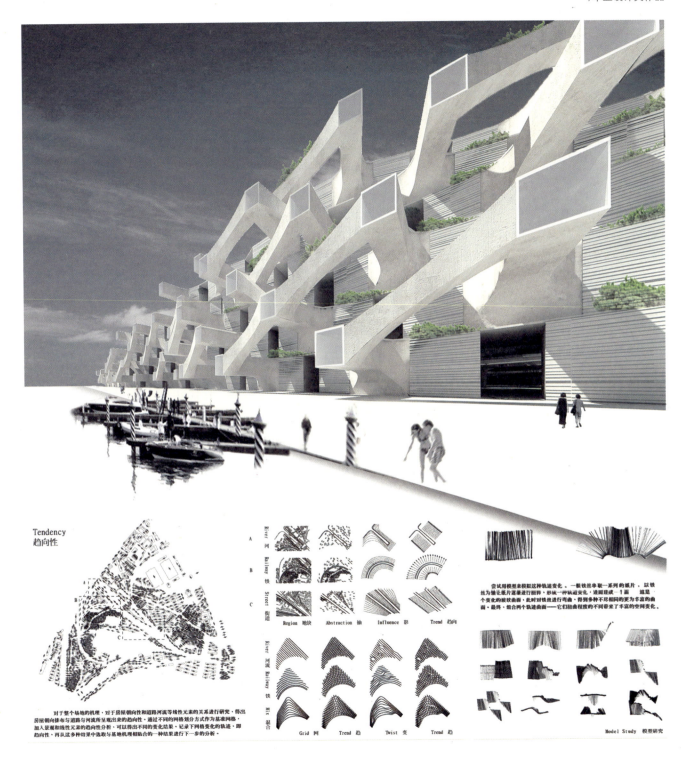

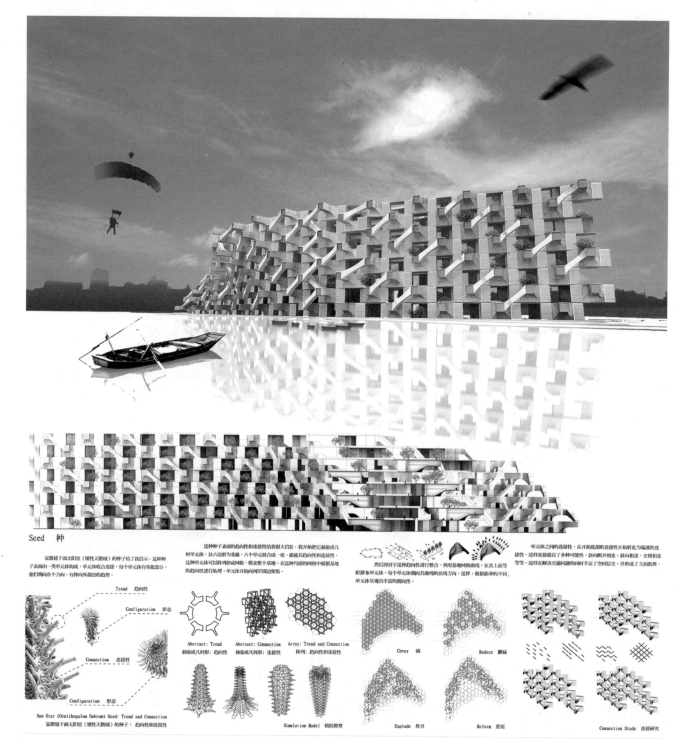

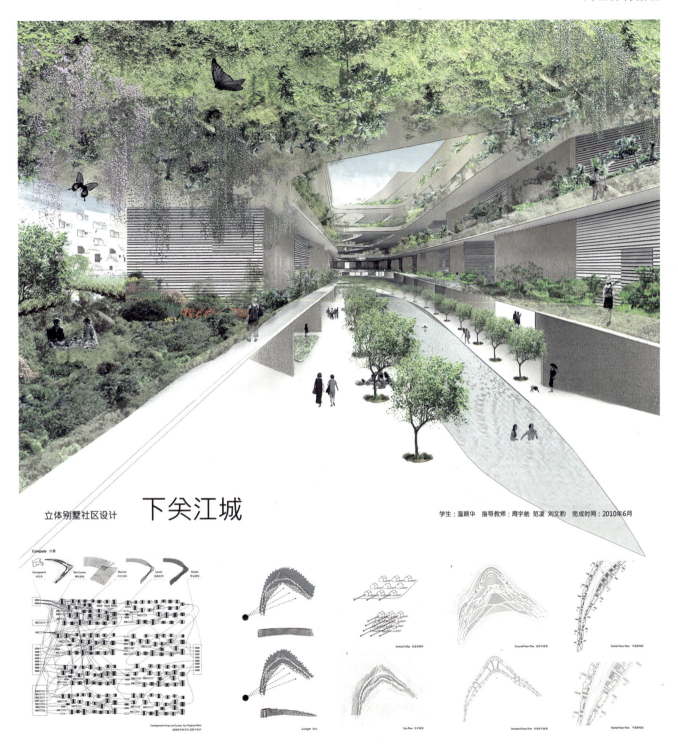

地域特色 | 建筑与环境艺术设计专业 | 教学成果作品集（下）

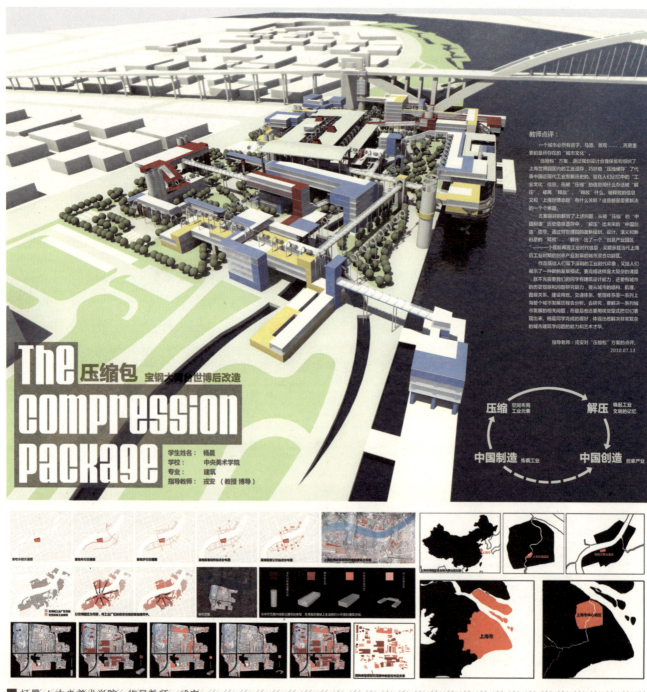

杨晨 / 中央美术学院　　指导教师：戎安
宝钢大舞台世博后改造

毕业设计类建筑设计铜奖

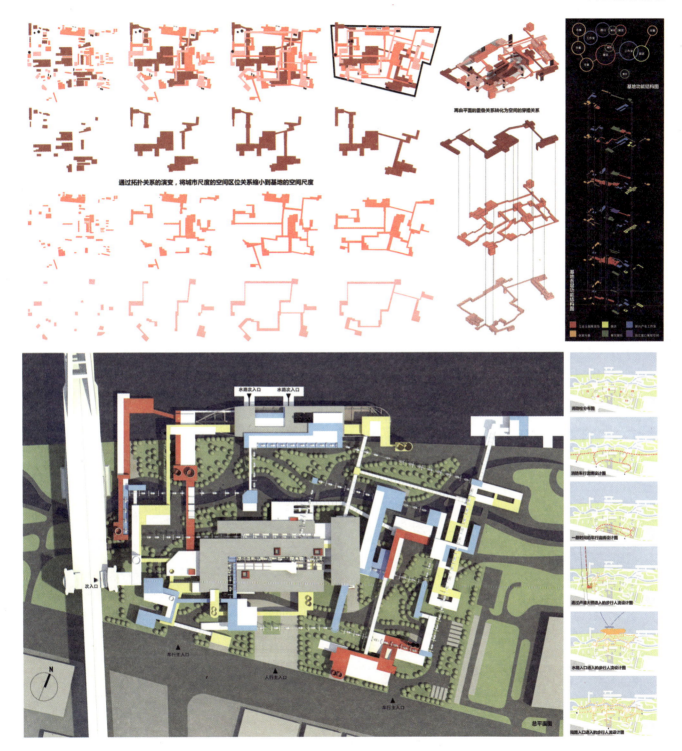

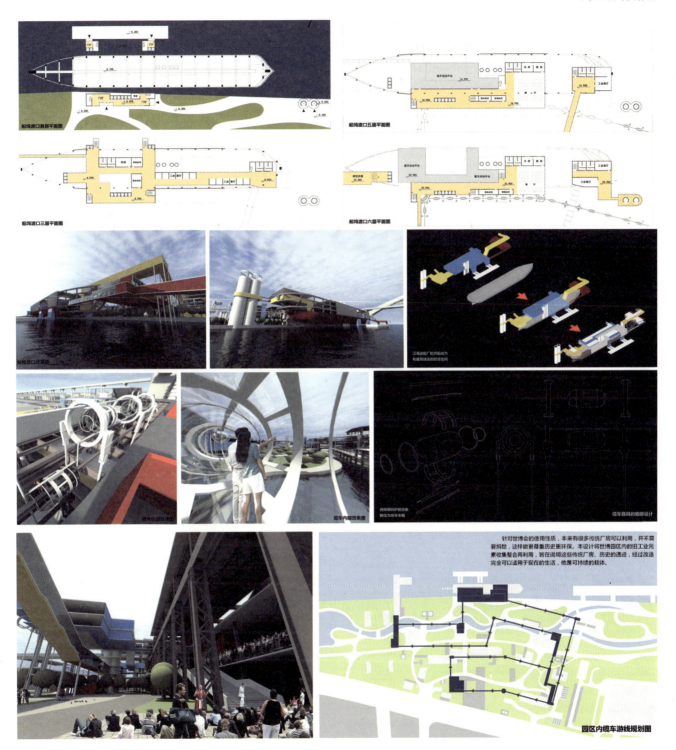

地域特色 | 建筑与环境艺术设计专业 | 教学成果作品集（下）

EH503
Student:Liangdan Song Advisor:Yun Huang、Qiuhang Zhou

Exhibition hall 1
Design

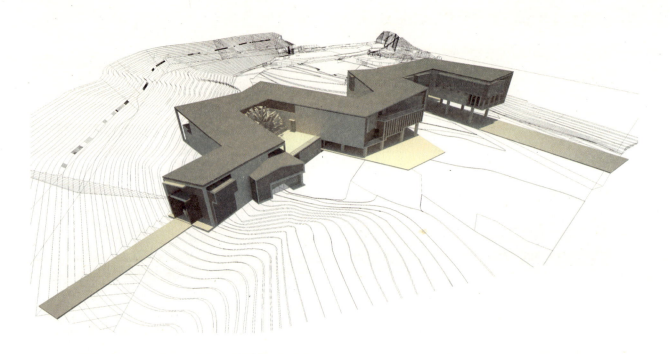

武陵山土家生态展览馆设计

宋良聃 / 四川美术学院　指导教师：黄耘、周秋行
武陵山土家生态展览馆设计

毕业设计类建筑设计铜奖

EH503

Student: Liangdan Song Advisor: Yun Huang, Qiuhang Zhou

毕业设计类作品

Exhibition hall Design 2

场地及周边环境介绍

武陵山土家生态展览馆位于重庆市黔江区后坝园区，后坝园区位于自然山体沟壑之中，地形复杂，被夹溪随地形由北至南穿流而过，13栋寨子选址背靠山体，面临农田，呈分散布局，现有村寨公路贯穿13寨。整个园区具有良好的生态环境和独特的人文资源。目前传统木建筑较多，保留状况良好。

土家建筑特色

土家建筑多为木质干栏结构，为避免猛兽敌人建房都望一崖时，一凳寨的，很少单家独户。所建村寨房屋多瀕水后山，青龙白虎，风水极佳，依山就势，木结构，小青瓦，花格窗，司檐悬空，木栏扶手，走马转角，古朴古色。建筑在平地上用木桩撑起分上下两层，上层避风，干燥，防潮，是主要用房；下层堆放牛羊栏圈或用来堆放杂物。虽悬地面既通风干燥，又能防毒蛇猛兽。一般居家都有小庭院，院前有篱色，院后有竹林，青石板铺路，刨木板装墙，松明照亮，日出而作，日落而息，田园生活，不亦乐乎。

概念产生
方案构思

提取、嵌入、融入这是一个过程。一个新的元素需要从旧的载体里提取出来，然后嵌入进一个新的载体里最后融入进去。方案本身就是一个过程，土家元素需要提取，根据功能需求嵌入进现代博览性建筑这个载体中，最终与土家建筑特有文化以及当地地理环境相融合，形成具有地域性的"新乡土建筑"。

关键词：提取、嵌入、融入。

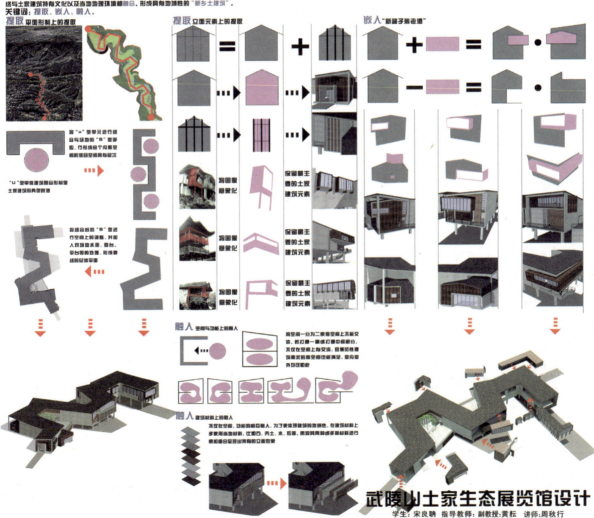

武陵山土家生态展览馆设计

学生：宋良聃 指导教师：副教授：黄耘 讲师：周秋行

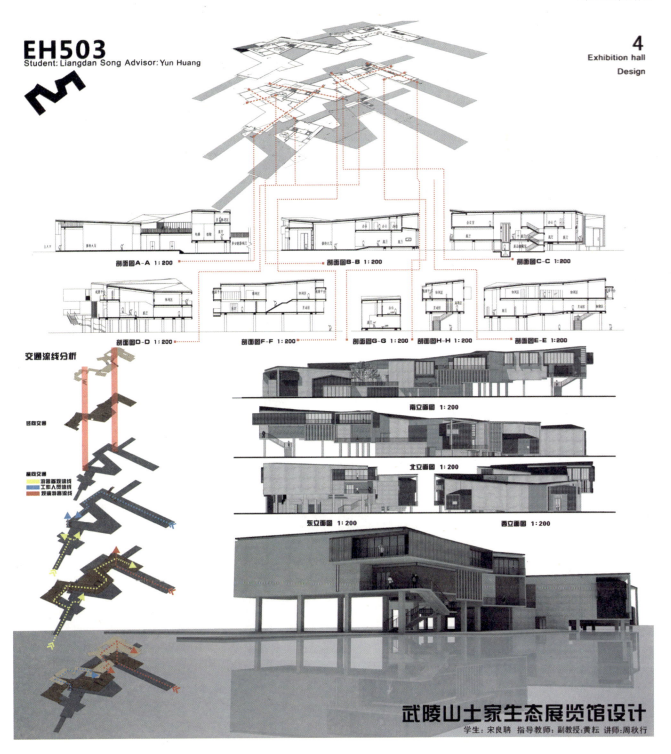

后世博宝钢大舞台改造方案
POST-EXPO BAOGANG STAGE RESIGN

指导老师：杨岩　陈瀚　何夏昀
设计成员：郭晓丹　邝子颖　陈巧红

项目介绍 PROJECT INSTRUCTION

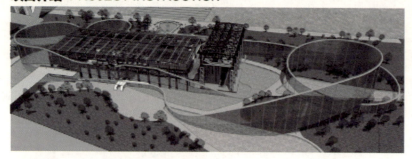

该项目改建利用的特钢车间由东西向主厂房和南北向连铸车间两部分组成。
主厂房于2000年建造，钢结构梁柱排架结构，建筑面积8660m²；连铸车间于1987年建造，混凝土柱钢排架结构，建筑面积2540m²。

项目指标
基地总面积：57800m²
建筑占地面积：11000m²

1.主题概念 - Fun City - 媒体建筑
THEME CONCEPT-FUN CITY-MEDIAARCHITECTURE

提升人们的生活意识，环保DIY意识，自然、城市、人的和谐意识。

后世博，延续"better city,better life"

世博主题为城市让城市更美好。而作为后世博则在主题上必然要对其进一步得延续其本质，那如何让生活更美好？

联合国人居组织1996年发布的《伊斯坦布尔宣言》强调："我们的城市必须成为人类能够上有尊严的、身体健康、安全、幸福和充满希望的美满生活的地方"。而城市面临的种种挑战交通拥挤、噪声问题、环境污染、生活压力、工作压力，人们的生活处于"紧张"的状态。

如何真正影响人们得生活，让人们生存得环境得以改善？

此改造设计fun city就是要通过一种传媒手段，影响人们实现中生活方式以及对环境自然的认识，让所有进入此立体式广场建筑的人们从亲身体验娱乐主题空间，引人进入一段奇幻之旅行，获得一种新的生活感悟，改变各自的生活。从而真正的实现，better life,better city。宝钢厂也以一种更具有全新意义的功能空间，融入人们的社区以及城市生活。

环境污染　　交通拥挤　　木头砍伐　　垃圾浪费　　工作压力

亲近自然　　DIY世界，对于旧物利用改造自我创造提供了良好的环境影响人们的行为　　人与人沟通融洽相处的平台　　静谧休憩的体验

郭晓丹、邝子颖、陈巧红 / 广州美术学院　指导教师：杨岩、陈瀚、何夏昀
Fun City

毕业设计类建筑设计铜奖

2.功能定位
FUN CITION POSITION

适宜多元化广场休闲空间

基地区位

位于上海世博会浦东滨江公园的腹地，西临卢浦大桥，北面为黄浦江，东接世博中心，南临浦明路，千年防汛墙和轨道交通13号线分别于地上、地下将其穿越。宝钢厂占据及其舒适的面江地理位置，且宝钢厂自身钢架结构有通透感，适于人群休憩散步等休闲功能。

人群分析

分析发现会后主要使用人群为：周围居民，他们更多时候出行时间为早晨与傍晚后，白天则为大量的旅游者。

世博后规划：a片区为商务综合发展区。b片区博览会展中心。c片区为城市发展储备。d片区则为城市居住用地，且a,d区周围区域也大多为居民，因此，周围居民则是宝钢厂首要使用人群。其次则是旅游人群。而作为商务区以及展览涵盖了大多功能，但休憩放松的空间仅为世博公园。世博公园的力量也难以使周围的人群活跃起来。

因此宝钢厂改造主体funcity.应该趋向开放式服务于周围居民的性质。

3.空间生成
SPACE CREATION

ONE宝钢厂现状分析

宝钢厂问题一空间过大，作为公共空间，人们置于其中会处于混乱之中。

世博园交通分析1　　　　　　　　**世博园交通分析2**

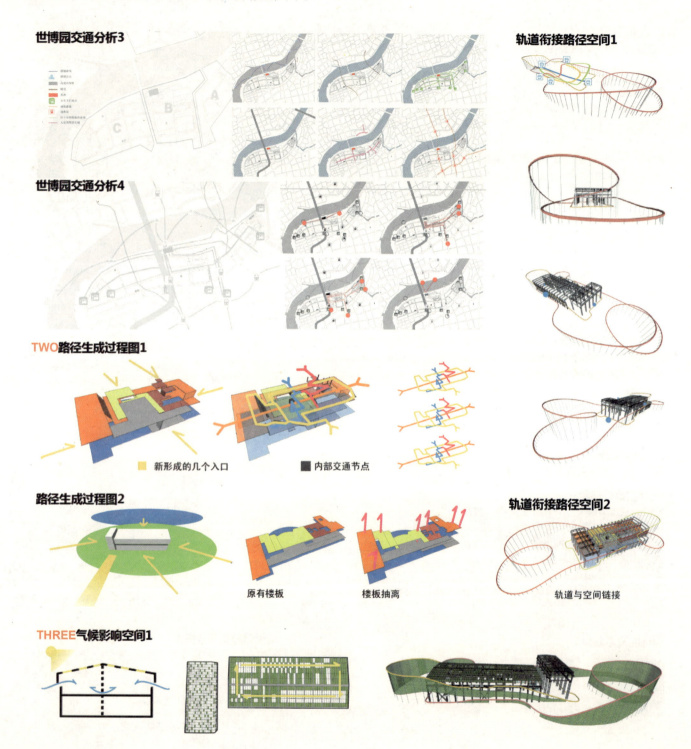

气候影响空间2

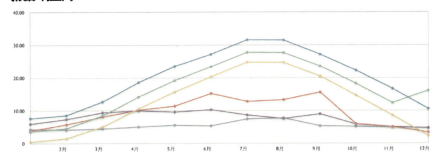

上海属气候特征比较明显的城市，因此气候对于空间的影响比较大。6-9月气温偏高28摄氏度-35摄氏度，6-9月降雨量偏高，均日数每月8天，全年最低气温都是处于5-8摄氏度（夜晚）。

外部园林改造

 水分布将人们引入空间

 树木分布隔离噪声

 园林人性化坐椅

建筑整体效果

建筑整体效果

4.空间综述
SPACE REVIEW

二层楼板　　平面切割　　纵向推拉　　扩展楼板　　内部交通　　功能分布　　加盖屋顶

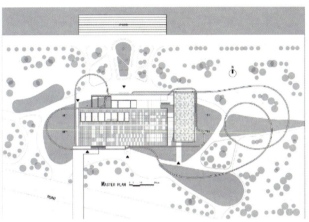

总平面图

一层平面图

二层平面图

三层平面图

四层平面图

五层平面图　　东立面 　　西立面

南立面 　　北立面

151/建筑设计

5.独立空间-人、自然、城市
INDEPENDENT SPACE-HUMAN/NATURE/CITY

空间一——城市与自然（共生的和谐）
Space1-City and Nature(symbiotic harmony)

空间二——人与城市（城市生活馆）
Space2-Man and the City(city life museum)

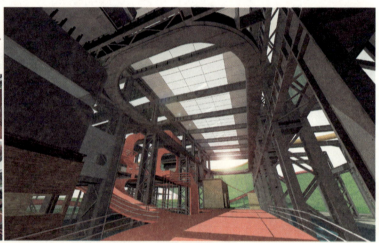

空间三——人、城市与自然（DIY,旧物改造、循环利用）
Space3-People,City and Nature(DIY,transforming old materials,recycling)

空间四——人与自然（与自然的亲密接触）
Space4-Man and Nature(intimate contact with nature)

空间五——附属空间（露天茶座）
Space5-Sub Space

空间六——轨道空间及外部空间
Space6-Track Space External Environment

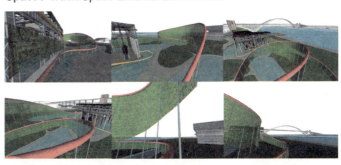

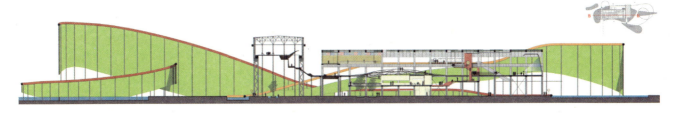

空间七——主题空间阐述
Space7-Description Of The Theme Park

DIY多媒体课室
DIY只做空间，一次新的尝试，学会循环利用与改造旧物，让自身为我们的环境作出贡献。

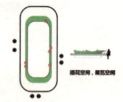

插花空间，展览空间

沙滩吧瀑布
沙滩吧，喷泉浅池，室内与室外相结合。

25小时站台每天是否给自己多留出一个小时选择去做一些有意义的事情呢？而不是为了做不完的工作而头疼。

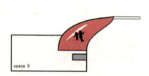

滑梯
回到童年最纯真的滑梯，让自己的心情变得像孩子般透彻。

钢架树林

公共电视，随着电脑技术的发秀演台——张扬自己的交流墙展，电视已经被忽略掉，而它个性平台却是维系人们之间感情的美好媒介。

公共休息弹力床

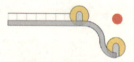

单帧动画car
单帧动画，缆车观赏。

6.空间细节
SPACE DETAILS

模型

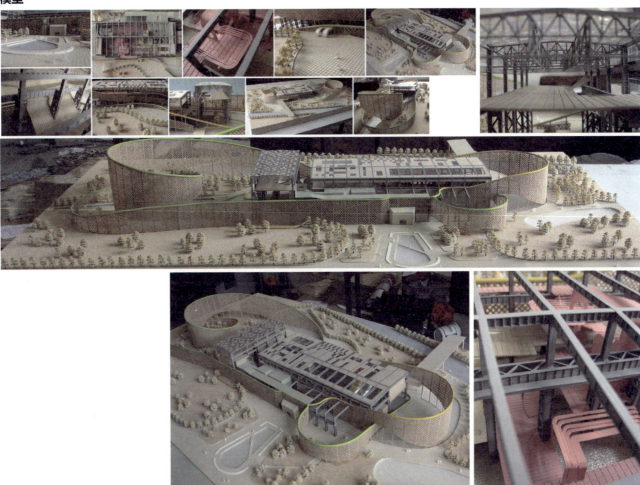

工作花絮

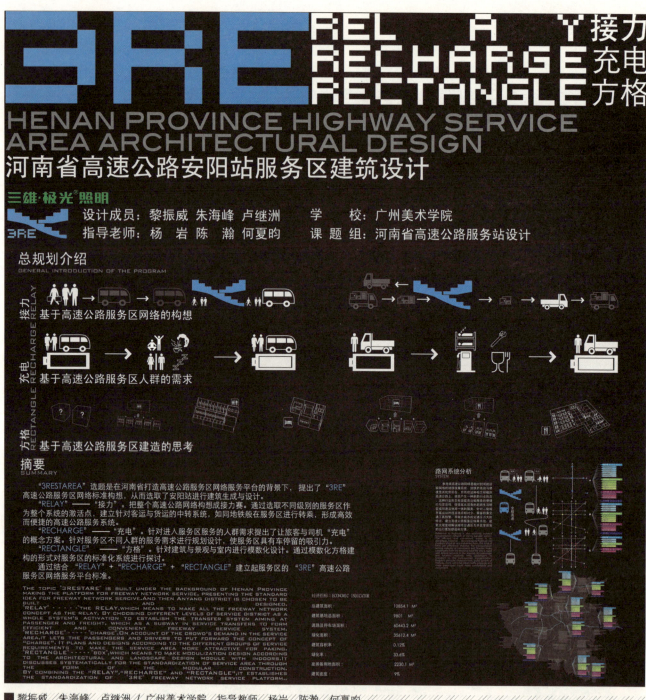

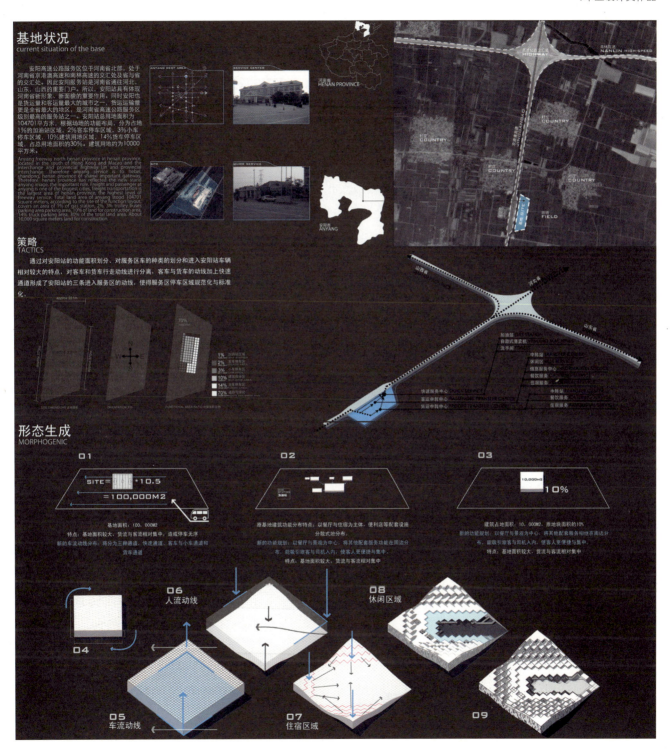

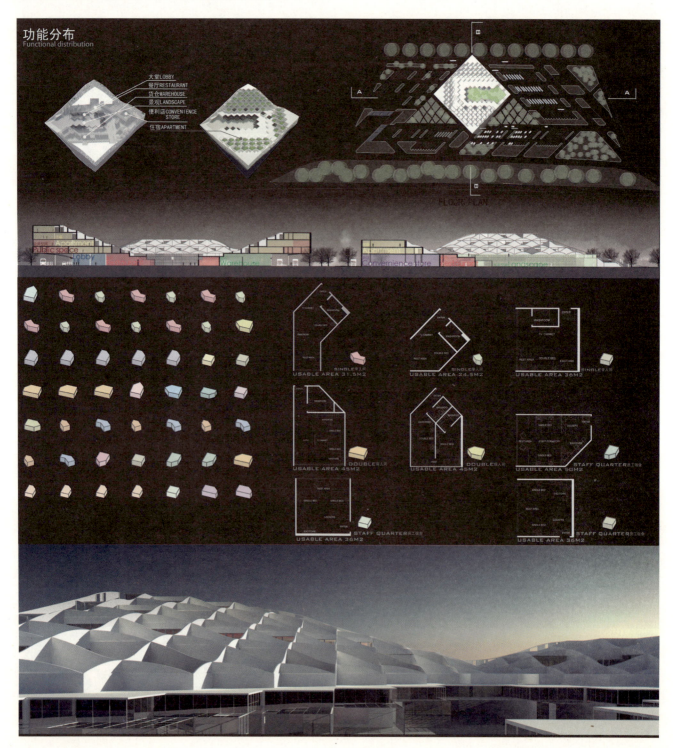

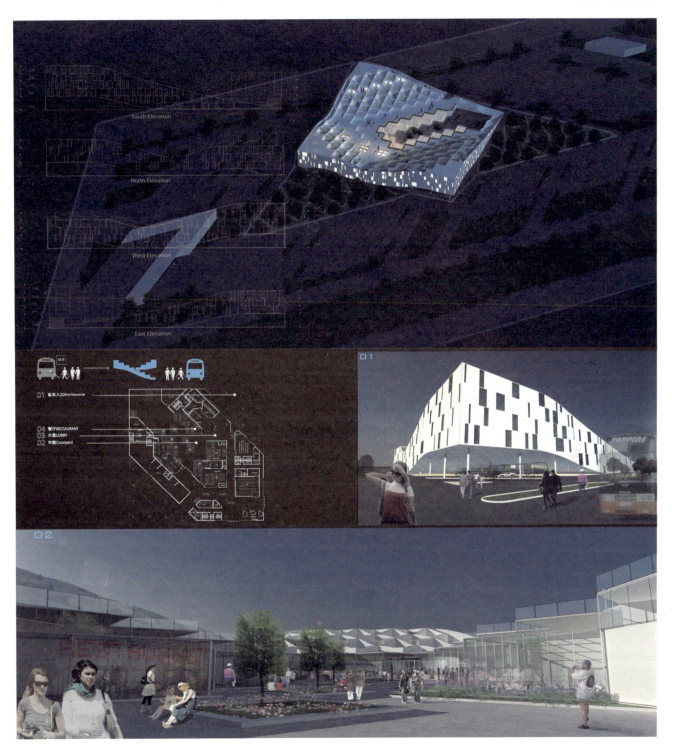

2010 畢業設計展

环境艺术设计系毕业

城市建筑及广场设计

城市广场不仅是一个城市的象征，人流聚集的地方，而且也是城市历史文化的融合。塑造自然美和艺术美的空间。故城市广场，特别城市中心广场是一个城市的标志，是城市的名片，一个城市要令人可爱，让人留恋，它必须要有独具魅力的广场。广场的规划建设调整了城市建筑布局，加大了生活空间，改善了生活的环境质量。

City Square is not only a symbol of the city, crowd gathering place, but also the integration of urban history and culture, shaping the natural and artistic beauty of the space. Therefore, the city Square, in particular, City Center Square is a symbol of the city, the city's business card. It is lovely to be a city, people yearn, It must be charming square. Square adjustment of urban construction planning and construction layout, increased living spacuality of the environment.

空中走道分析 air aisle analysis

中心广场分析 center square analysis

下沉广场分析 sinking square analysis

景观节点分析 landscape node analysis

景观节点分析 landscape node analysis

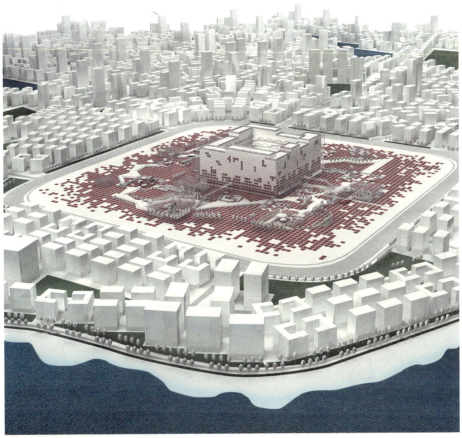
鸟瞰效果图 eye pictures

曲国兴 / 鲁迅美术学院　指导教师：施济光
城市建筑及广场设计

毕业设计类建筑设计优秀奖

平面图分析

整个设计区域是一个统一而有序的整体。尊重由城市道路和功能定位所决定的南北向轴线。无论是虚空间的序列或是实体的布置都体现与轴线的对话关系从行政中心的主体建筑。中心广场，文化广场的主体活动空间直至文化艺术中心。俄罗斯方块的点，星座构成的线，下沉广场的面贯穿了我的设计。以人为本的道路规划让行人在其行走体会设计的魅力。夸张的色彩打造地标性建筑。

The whole design area is a unified whole, respect and ordered by the urban roads and function of the north-south axis, which decide whether virtual space layout of the sequence or entities are reflected from the dialogue with the axis of the main building, the administrative center of the central square, cultural square space, subject to culture and art center. Russian square dot, line, the constellation constitute the surface subsidence square throughout the my design. People-oriented path planning in the walking pedestrians design experience. Exaggerated colour makes landmark.

总平面图　total plan

广场透视效果图　square perspective effect

设计理念

随着城市化进程的发展，城市的区位越来越大，但我们的空间越来越小。国家需要沟通，城市需要沟通，你我需要沟通，城市主题广场给我沟通架起一座桥梁。

Design Concept: With the development of urbanization, growing urban location, but we are getting smaller and smaller space. Countries need to communicate, cities need to communicate with you, I give you the theme of communication has built a bridge.

设计来源

星座
每个星座都有自己的特点。我想让每一位来到这的客人都找到自己的那一个所以自己的空间。大家相互交流自己的性格，增加彼此的了解。

Constellation
Each constellation has its own characteristics, I want every one to which the guests find their own space so that 1. Members exchange their character, to increase mutual understanding.

设计定位

此处为星座的发源地希腊圣地，悠久的文化底蕴造就了今天的希腊神话。本区交通发达，中心组带人流密集区。目的达到使用功能的同时打造地标性建筑。

Here the Holy Land for the constellation to Greece, a long cultural heritage that has made the Greek mythology. Traffic in this area developed, the center link crowded area, is achieved while using the feature to create

俄罗斯方块　russian square

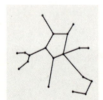
星座构成　constellations

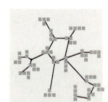
创意构成　creativity

广场局部效果图　square local rendering

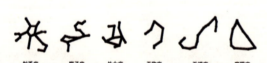

射手座　狮子座　处女座　天秤座　天蝎座　摩羯座

白羊座　金牛座　双子座　巨蟹座　水瓶座　双鱼座

广场局部效果图　square local rendering

毕业设计类作品

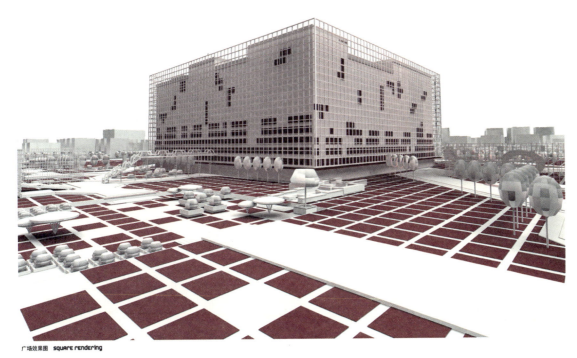

曲国兴

1987年1月25日出生于丹东市宽甸县，2006年考入鲁迅美术学院环境艺术设计系城市规划专业。

1987 was born on january 25 dandongshi kuandian county. lu xun academy of fine arts environment to enter the national shejixi town planning profession.

指导教师　施济光

广场效果图 square rendering

广场局部效果图 square local rendering

广场局部效果图 square local rendering

城市集合住宅设计
EMBEDDING

住宅是城市的重要组成部分，居住问题是人得以在城市中生活的基本问题。在目前北京发展的过程中，住宅多以居住小区和组团的形式进行开发。这种开发模式造成了北京的城市蔓延，给城市的支撑系统和生态环境带来了很大的压力。居住区相对封闭和自我隔离，形式单一，能量消耗巨大，块状的小区打破了城市的有机构成，给城市环境造成了不利的影响。同时，这样的居住小区也不能对城市环境合理利用，缺乏与城市的积极互动。本设计将住宅"嵌入"关系复杂的城市交通枢纽地段，提出住宅与城市的新关系。

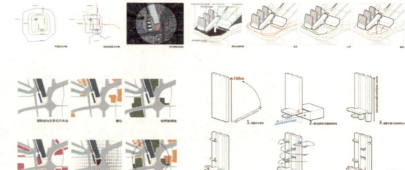

柴哲雄 / 北京交通大学建筑与艺术系　指导教师：高巍、张育南
北京西直门交通枢纽住宅整合设计　　　　　　　毕业设计类建筑设计优秀奖

城市集合住宅设计
EMBEDDING

发展城市轨道交通是城市扩张过程中增强可达性和机动性的有效方式。西直门地区是北京的重要城市交通节点，与西直门联接的地铁线路日趋完善，可以到达城市中的重要区域。该地区是城市中人流最密集的地区之一，也是城市的"真空"地带。每天有成千上万人经过西直门地铁中转到达城市的各个区域，然而其地上空间的使用效率却很低。本设计选取西直门交通枢纽地块作为研究用地，探讨住宅对于城市空间和交通设施的利用，以及其对于城市的积极意义。

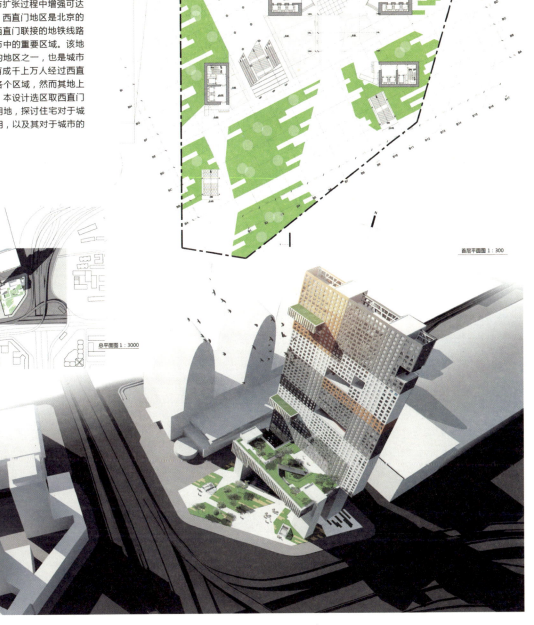

总平面图 1:3000

首层平面图 1:300

地域特色 | 建筑与环境艺术设计专业 | 教学成果作品集（下）

城市集合住宅设计
EMBEDDING

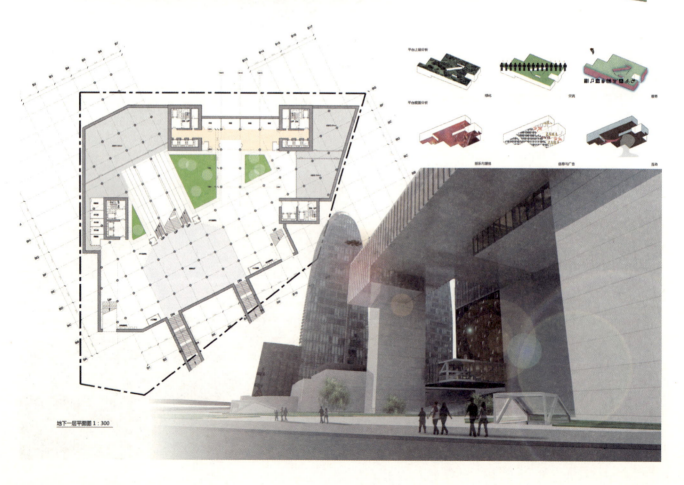

地下一层平面图 1:300

166/建筑设计

城市集合住宅设计
EMBEDDING

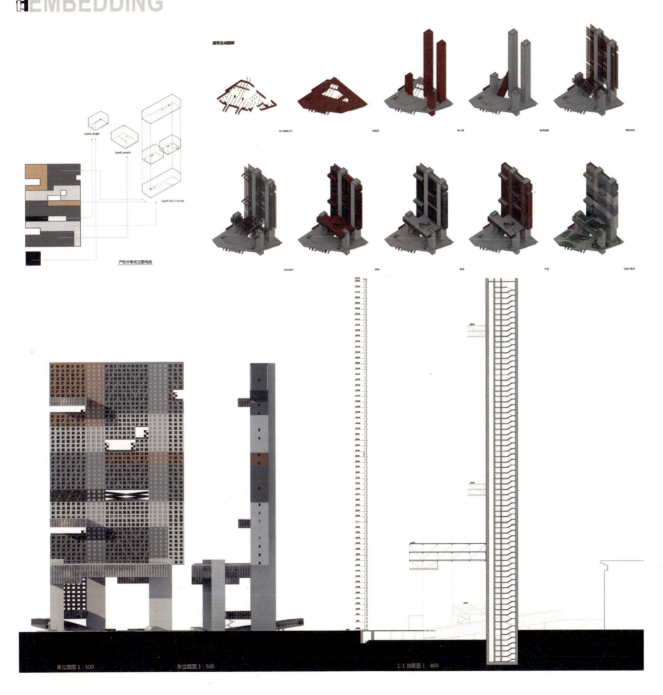

地域特色 | 建筑与环境艺术设计专业 | 教学成果作品集（下）

设计说明

本设计位于滨海地区，海边的自然景观对建筑设计的影响比较明显。考虑设计中场地的影响，建筑采用白色材质，以反映海边碧海蓝天的自然色彩。

设计中考虑降低建筑高度，形成海岸边较平缓的天际线效果，场地中采用大面积的建筑体量来控制场地。

同时为保证更多的观景房间，客房布置于建筑表面，将服务用房设于内部。表面采用退台式处理，有良好的观景平台。

场地中采用网格系统布局设计，不同材质的道路将人们引入海边，同时也形成各种小环境，木材质平台，形成众多休息区域。

对于这篇场地的研究，周围环境的影响实际上很小。用地位于一片待开发地带，周围皆为待建用地，最近居民居住区也相隔较远。因此，设计中约束条件相对很少，但也同时带来无法由场地周边建筑环境入手设计的不利影响。

用地面积五万余平方米，容积率不大于1。相比之下，场地环境所带来的影响远大于建筑自身限制条件的影响。在设计之初，考虑如何通过建筑的本身设计来达到对整个场地的控制，这是本设计的出发点。

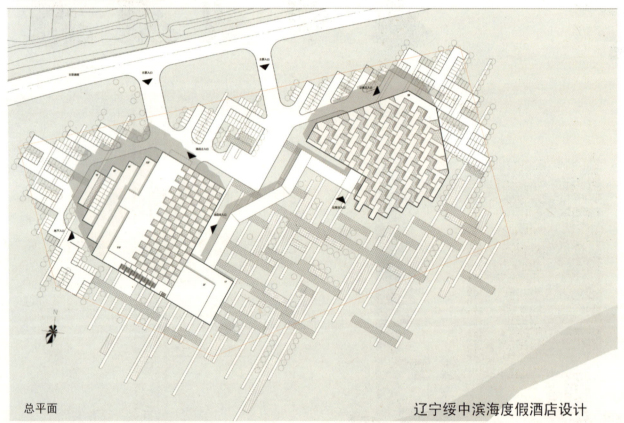

总平面　　　　　　　　　　　　　　　　　　　辽宁绥中滨海度假酒店设计

姜腾 / 北京建筑工程学院　　指导教师：王光新
辽宁绥中海滨度假酒店建筑设计　　　　　　　　　　毕业设计类建筑设计优秀奖

毕业设计类作品

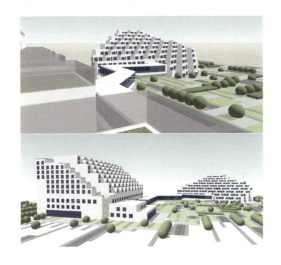

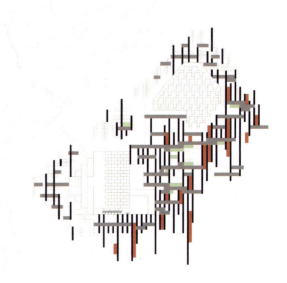

打破酒店空间原有的二维上的客房展开的布置方式，从中间拉升，形成三维上的客房布置方式，同时内部形成足够大的空间安排服务空间。

用地场地设计采用网格系统设计，竖向为酒店与公寓间联系方向，联系相对不密切。采用2米宽，间隔5米的小路作为网格系统竖向控制线。横向为酒店与海滨之间联系道路，联系密切。同时树阵与不同材质路面的结合，也加强了建筑与环境的关系。大面积停车空间结合于环境中，成为环境设计的一部分。

169/建筑设计

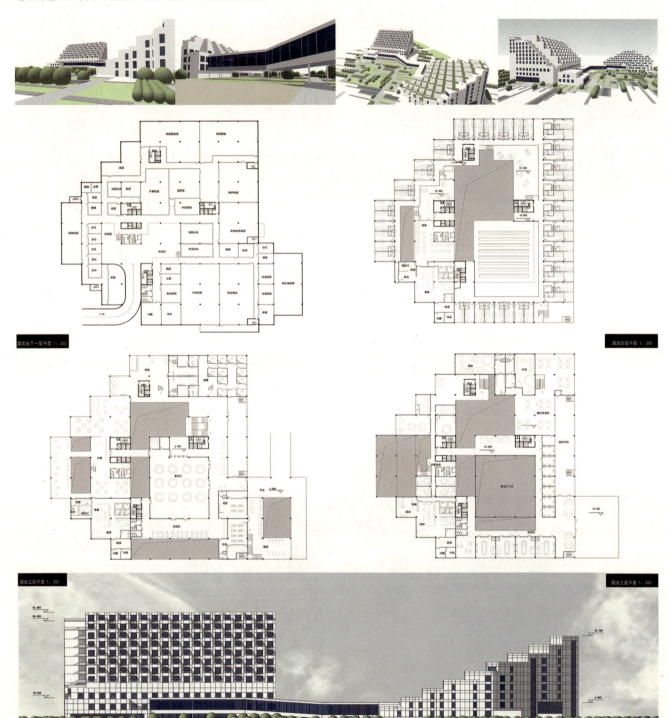

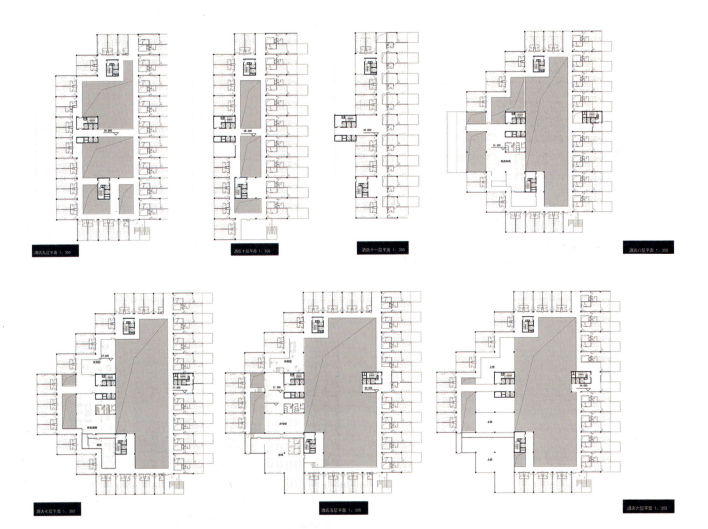

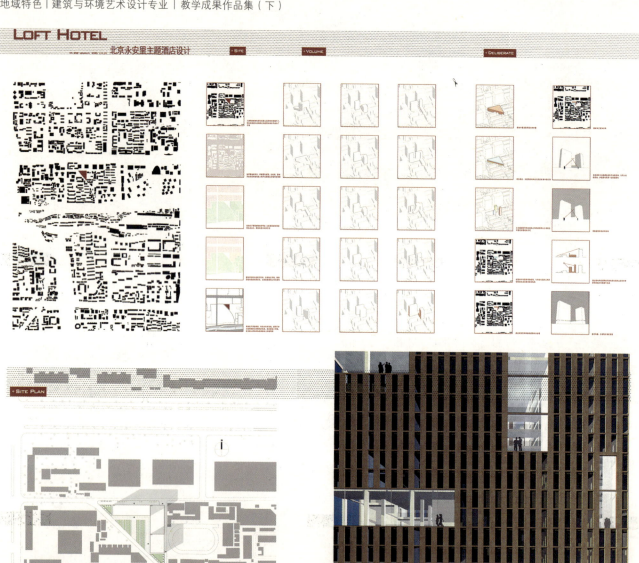

崔琳娜 / 中央美术学院　指导教师：王小红、丘志
北京永安里主题酒店设计——Loft Hotel

毕业设计类建筑设计优秀奖

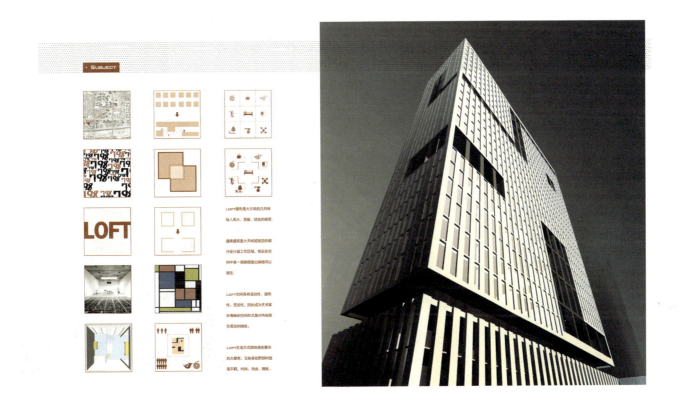

PLAN ELEVATION

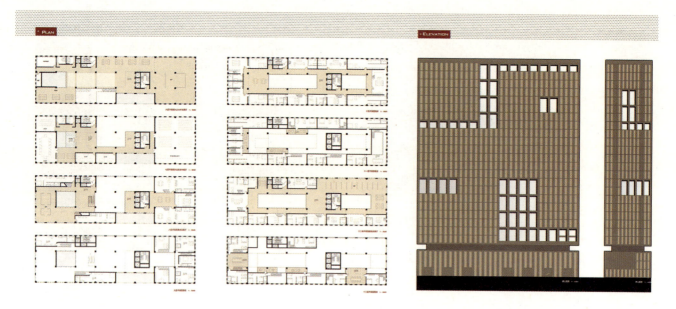

FUNCTION

作为一个艺术化的酒店，对于酒店的顾客来说，在酒店的活动也不再局限于一般酒店的餐饮住宿。对顾客设置更加丰富的功能来发现一些新的意义，将顾客会带来全新的居住体验。所以在酒店中设置了大量的过度空间来完成不同的活动。

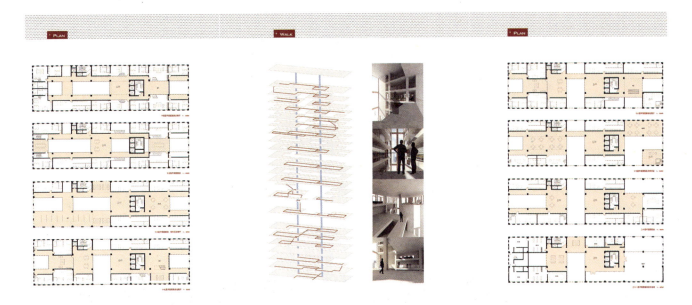

175/建筑设计

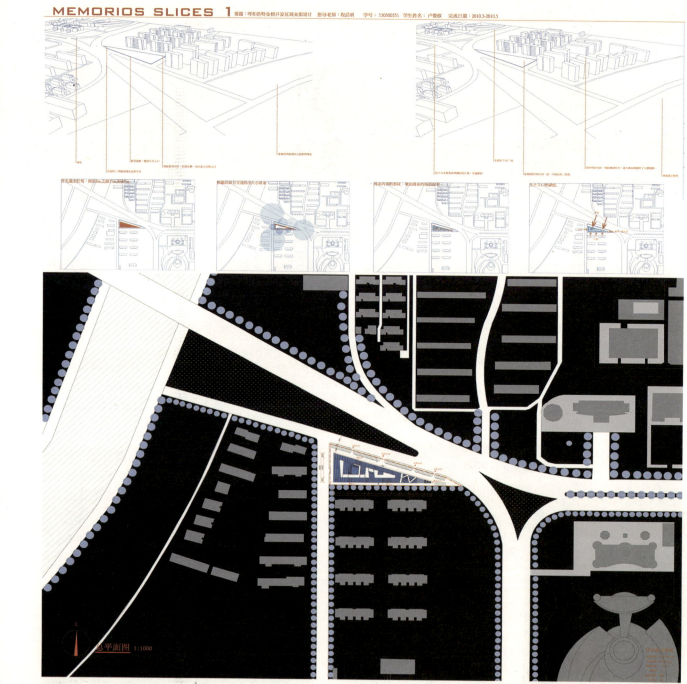

MEMORIOS SLICES 2

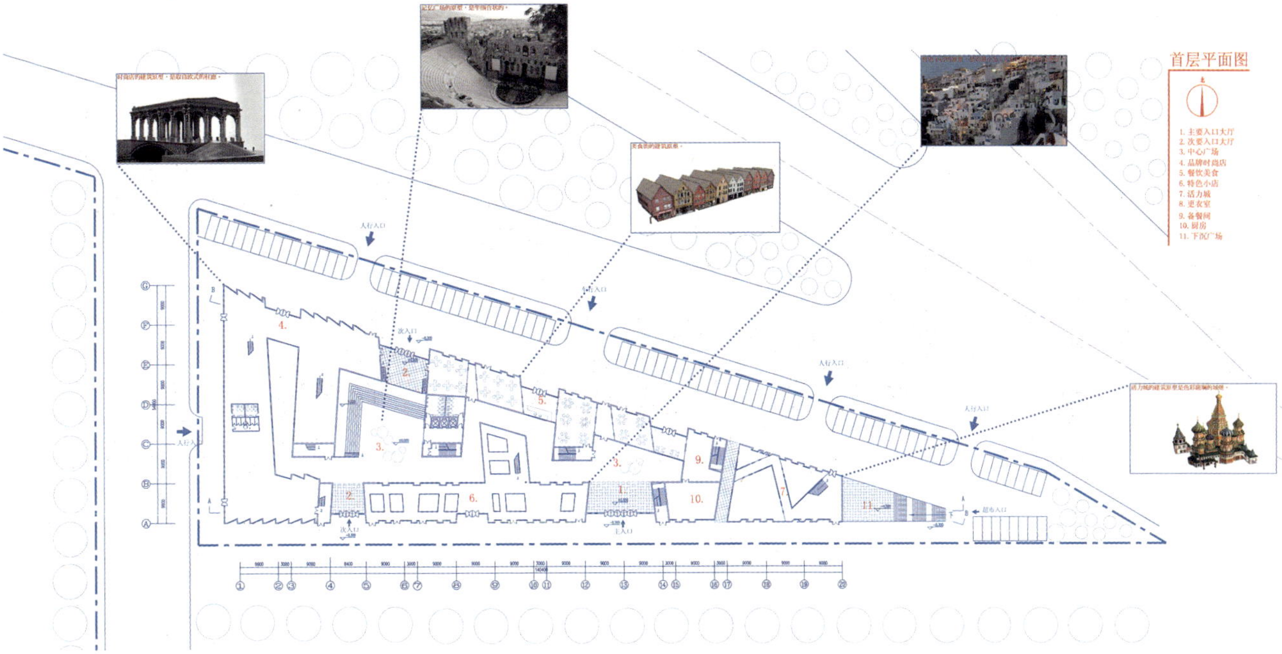

人行入口
次入口
主入口
超市入口
首层平面图
1. 主要入口大厅
2. 次要入口大厅
3. 中心广场
4. 品牌时尚店
5. 餐饮美食
6. 特色小店
7. 活力城
8. 更衣室
9. 备餐间
10. 厨房
11. 下沉广场

四层平面图

1. 休息平台
2. 办公（可出租）
3. KTV大包

三层平面图

1. 品牌时尚店
2. 特色商品店
3. 前台
4. 休息处
5. 商品服务
6. 工作人员休息
7. KTV小包间
8. KTV中包间

二层平面图

1. 休息平台
2. 街道
3. 广场
4. 品牌时尚店
5. 美食小店
6. 特色商品小店
7. 活力城/游戏厅

平面分层示意图

四层平面
三层平面
二层平面
首层平面
地下一层平面

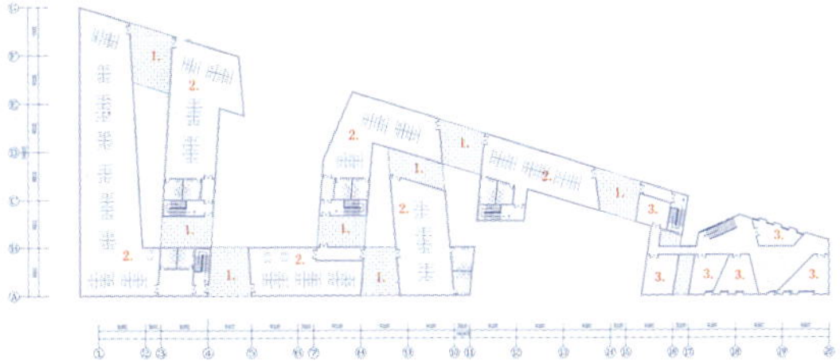

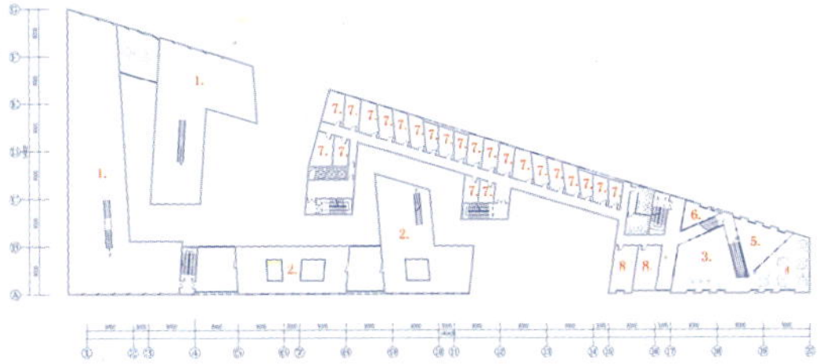

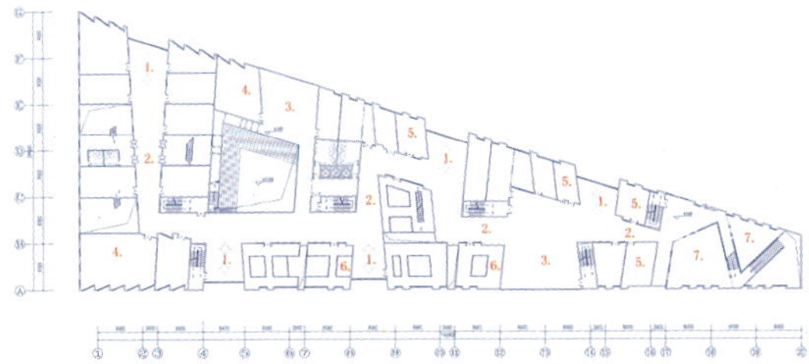

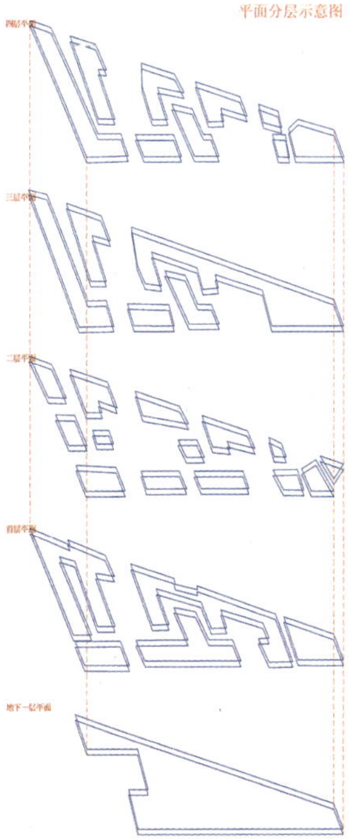

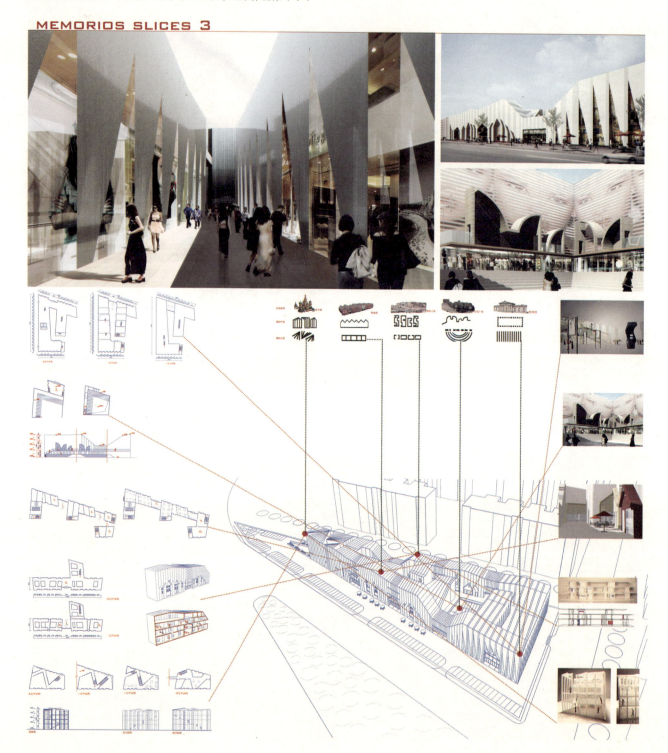

MEMORIOS SLICES 4

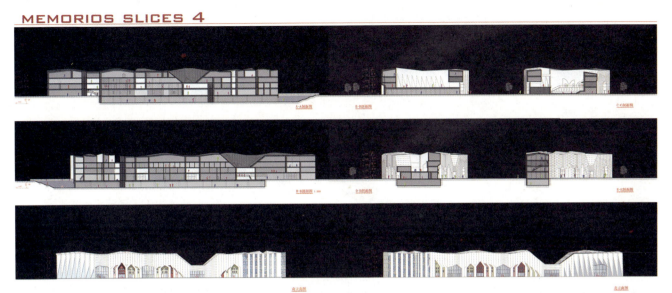

地域特色 | 建筑与环境艺术设计专业 | 教学成果作品集（下）

对话——南京老城南旧城改造

基地分析：

此次八校联合题目为旧城改造，基地在南京，位于护城河和城墙以南，俗称老城南。该地段是低层的传统居住片区，建筑密度较高，质量较差，少量文物保护建筑在区域内零散分布，如明代所建的甕堂。基地紧邻南京城市的主轴线雨花路，路东为著名的金陵报恩寺塔遗址。用地规模约为2.4公顷。

学生：曾旭
指导教师：程启明
完成日期：2010年5月27日

周边道路分析

基地特色分析：

基地建筑体量关系

曾旭／中央美术学院　指导教师：程启明

对话——南京老城区旧城改造

毕业设计类建筑设计优秀奖

主入口效果图

基地现状分析

1 生活气息浓郁。传统风貌尚存。
2 缺乏绿化和公共活动场地。卫生和环境急需改善。
3 采光和通风严重不足。街巷过窄。道路引导性不强。外来人员容易迷路。道路可达性差。
4 商业沿街店面卫生不合格。脏、乱、差。底商门面不整洁。没有进行整体的城市设计。

基地功能定位——综合街区

以澡堂，水流，原有商业街，等可发挥的因素来带动基地的发展。规划一个以洗浴，旅游，展示，住宅，办公为一体的综合商业街区。吸引来基地以外的人流，提高基地的商业价值，为原居民提供就业与商机。从功能单一的街区转变为混杂多功能的街区。希望实现街道的丰富性与多样性，增加自发性行为和不必需的活动。

人口数量分布图

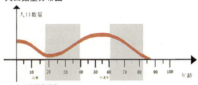

人口老龄化现象
特别是在白天，儿童和老年人为基地的主要使用人群

经济收入状况分布图

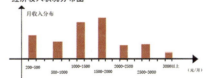

有选择能力的人撤离出去，地块内低收入人群积聚

C1-C7剖立面图 1:200

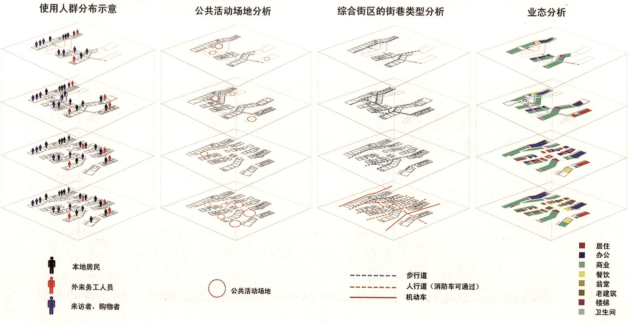

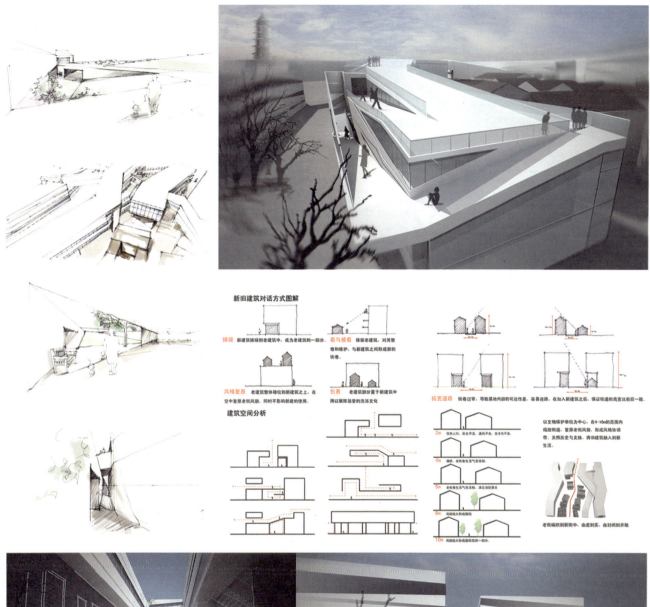

室内设计

清华美院公共空间改造设计 —— 交往空间层级设计方法应用

Transform Design of The Public Spaces in Academy of Arts & Design, Tsinghua University
—— Levels of Communication Spaces

指导教师：张月　刘东雷

BACKGROUND 背景

选题为清华美院教学楼公共空间改造设计，是一个研究性的尝试，设计的目标是解决美院环境的空间利用及交流问题。

通过实地调研、案例分析及相关资料的借鉴提出了层级的交流空间概念，并由公共空间内人的行为特征入手，找出其与空间的层级对应关系，有一定新意，且对教学建筑内的公共空间设计具有探索意义。

To meet the need of interdeciplinary talents, colleges should pay more attention to the communication among students, teachers, and majors, improve the public environment and creat communication spaces of different levels, finally realize the info and thoughts exchanging.

大学除了课堂传授外应重视各专业师生彼此之间的交往，改善教学建筑公共环境中的不合理现状，创造多层次的交往空间。

AERIAL VIEW

用地面积 Land area 2.6hm2
容积率 Plot Ratio 2.18
建筑面积 Floor Area 60800m2

BEHAVIOR 行为

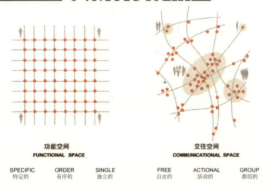

功能空间 FUNCTIONAL SPACE — SPECIFIC 特定的 / ORDER 有序的 / SINGLE 独立的

交往空间 COMMUNICATIONAL SPACE — FREE 自由的 / ACTIONAL 活动的 / GROUP 群组的

Communicationacivity is free, open, and out of order. It can be divided into different levels based on the characteristics of behavior.

交往活动自身具有无序、流动、开放、多层次等特点，可由交往行为出发，将交往空间划分层级。

USER 人群
TIME 时间
SITE 区位
FUNCTION 功能

RELATION 关系
PLAN 平面
FORM 形态
BOUNDARY 边界

王晨雅 / 清华大学美术学院　指导教师：张月、刘东雷
清华美院公共空间改造设计——交往空间层级设计方法应用
毕业设计类室内设计金奖

BEHAVIOR 行为

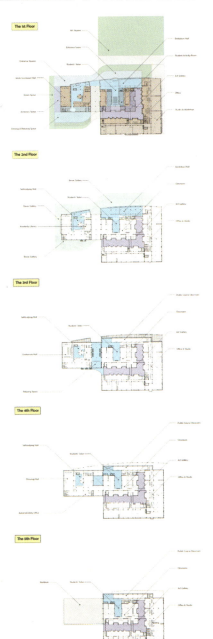

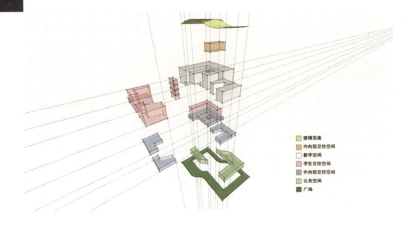

1F
Opened Communication Floor
一层开放式综合交流区

square 广场
entrance hall 门厅
art gallery and exhibition room 展廊展厅
dining room 餐厅
activity center, ect. 活动中心

2F to 5F
Teaching Floor
二至五层教学功能区

shared spaces 共享空间
full-height halls 通高中庭
bookbar (3F) 书吧

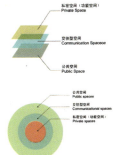

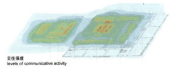

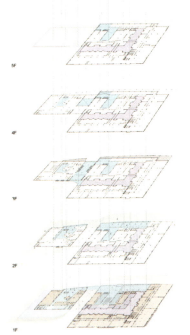

| 地域特色 | 建筑与环境艺术设计专业 | 教学成果作品集（下）

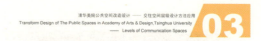

清华美院公共空间改造设计 —— 交往空间层级设计方法应用
Transform Design of The Public Spaces in Academy of Arts & Design, Tsinghua University
—— Levels of Communication Spaces

03

SPACE 空间

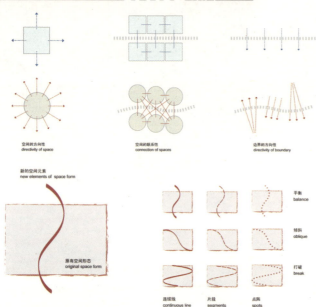

SPACE ELEMENT 空间元素

Bring in new space element to break the rigid form of original building, and creat more possibilities of the sight, view, action, and communication.

centrifuge → centripetal   scatter → gather   isolated → related
closed → open   single → multi   negative → positive

Using free space elements to connect the spaces and constitute multi-level communiation spaces.

引入新的空间元素，打破原有建筑呆板空间形式，创造更多视觉、行为、交流的可能性。
离心→向心   分散→集中   孤立→联系
封闭→开放   单一→多元   被动→自主
利用开放自由的空间形态，将多处交往空间串联，形成多层级交往空间。

DISCUSSION ROOM 讨论室

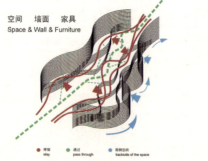

空间 墙面 家具
Space & Wall & Furniture

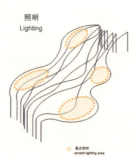

照明
Lighting

ACTIVITY CENTER
活动中心

STAIRS
楼梯

SHARED SPACE
共享空间

毕业设计类作品

清华美院公共空间改造设计——交往空间层级设计方法应用
Transform Design of The Public Spaces in Academy of Arts & Design, Tsinghua University
— Levels of Communication Spaces

04

B ENTRANCE HALL 门厅

Space elements combinations and derivatives, to form the space language, such as wall, furniture and lighting. Use free space elements to create more "perspective" and the "possibility", and to strengthen the initiative of humans.

空间语言的组合与衍生，形成变化的空间、墙体、家具与照明。利用自由的形态元素在空间中创造更多"视角"与"可能性"，并加强人在空间中的主动性。

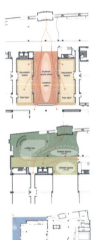

ART GALLERY

RELAXING SQUARE

DINING ROOM

"STAY"
"PASS"
"THROUGH"

利用曲线的变化自然形成使人感到"停留"与"驱散"的空间感，自然形成"入口""通道""房间"等意向，营造随处可见的交谈空间、改善适于交流的公共环境。

DISCUSSION ROOM 讨论室

| 地域特色 | 建筑与环境艺术设计专业 | 教学成果作品集（下） |

DIVERSE&ARTISTIC 异 天津现代艺术中心主题展览馆

the permanent theme exhibition hall in the art park
The transform for old workshops (1937-2010) in TIANJIN FIRST CO-GENERATION PLANT

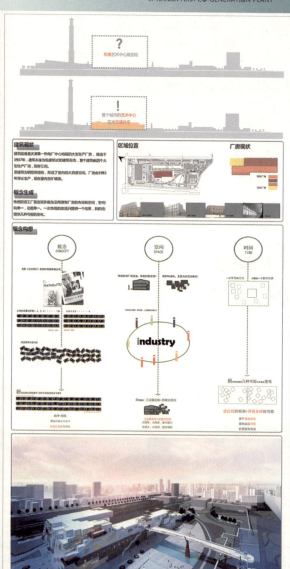

[指导教师]：

彭军：教授硕士生导师，1986年毕业于天津美术学院，2005年至2006年公派英国诺森比亚大学、布鲁乃尔大学做高级访问学者。

现任：天津美术学院艺术设计学院副院长、环境艺术设计系主任。

高颖：副教授1995年毕业于北京林业大学园林学院获学士学位，2003年于天津美术学院获硕士学位。

[设计介绍、点评]：

建筑是有生命的，某些旧建筑在现代的不断演绎下，可以继续生存。对某些旧建筑的改造利用，既是合理的也是可行的；既可实现其经济价值的转移，又体现其文化价值的延续；既是对历史的尊重，也是对未来负责。对旧建筑进行改造更新与利用是一项迫待探讨研究的重要任务。

该设计通过天津市第一热电厂这个早已废弃多年的大型生产厂房为案例，他记载着天津近代历史和工业的沧桑和遗迹，尽量保留它的原有的建筑结构，不仅是利用了原始建筑的大空间，节约了造价，更重要的是使得沉淀在这座历史建筑内的文化传承和工业精神得以保存，在游览新展览馆时也能触及人们心灵深处的记忆。

通过这个旧厂房的改造和发展使它扮演的角色发生质的飞跃，为整个艺术公园创建一个中心，这不仅仅是展览艺术的场地，它还将成为城市艺术中心的一部分，促进整个津城的文化发展，将城市活动融入改造而成的展览馆，建立一个艺术的流通体系。

张静、张越成、余刚毅 / 天津美术学院　指导教师：彭军、高颖

艺度艺术中心公园——天津第一热电厂工业遗迹改造

毕业设计类室内设计银奖

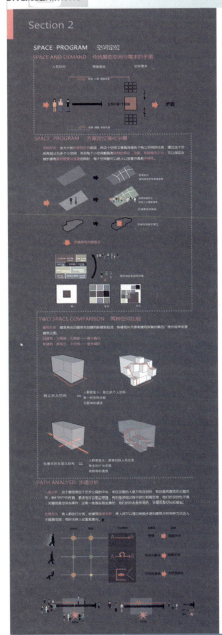
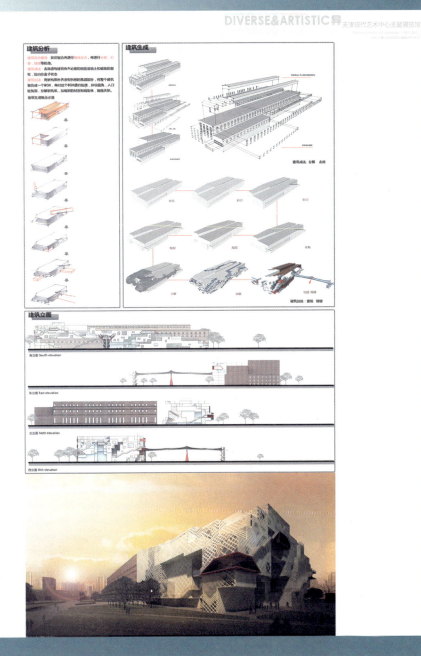

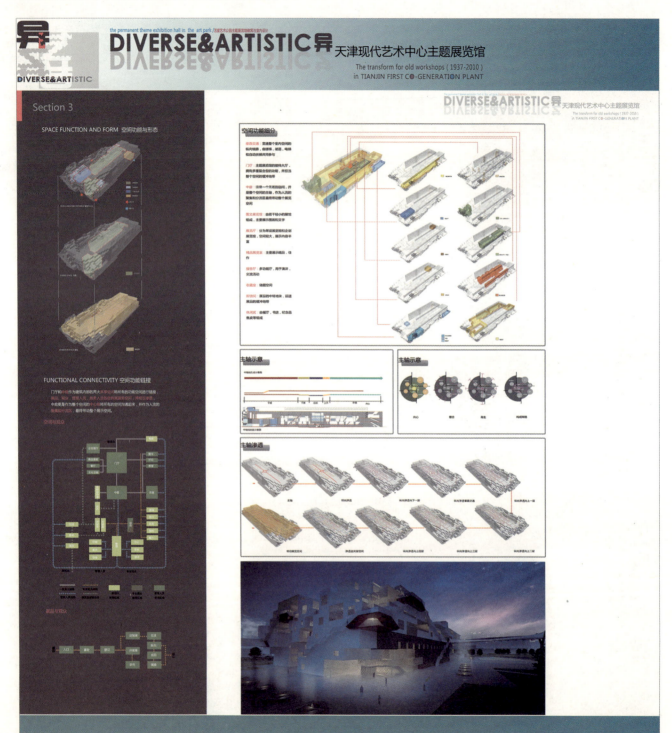

毕业设计类作品

DIVERSE&ARTISTIC 异 天津现代艺术中心主题展览馆

the permanent theme exhibition hall in the art park / 艺庑艺术公园主题展览建筑与室内设计

The transform for old workshops (1937-2010)
in TIANJIN FIRST CO-GENERATION PLANT

Section 4

PLAN 平面图

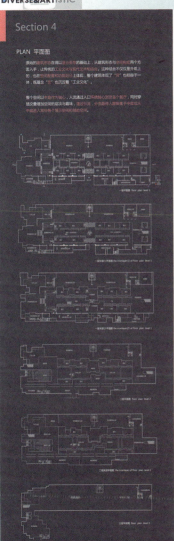

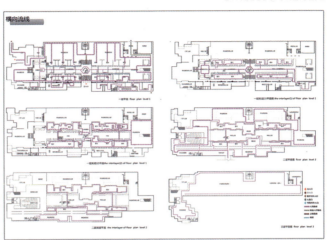

横向流线

一层平面图 floor plan level 1
一层夹层(1)平面图 the interlayer(1) of floor plan level 1
一层夹层(2)平面图 the interlayer(2) of floor plan level 1
二层平面图 floor plan level 2
二层夹层平面图 the interlayer of floor plan level 2
三层平面图 floor plan level 3

纵向流线　剖面图

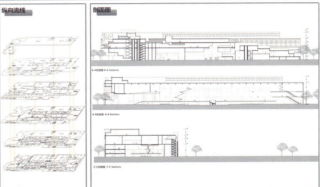

A-A剖面图 A-A Sections
B-B剖面图 B-B Sections
C-C剖面图 C-C Sections

193/室内设计

DIVERSE&ARTISTIC 异 天津现代艺术中心主题展览馆

the permanent theme exhibition hall in the art park / 艺术艺术公园主题展馆的建筑与室内设计

The transform for old workshops (1937-2010)
in TIANJIN FIRST CO-GENERATION PLANT

Section 5

中庭设计局部草图

中庭设计局部草图

1 中庭总效果
2 一层企划展览馆
3 一层企划展览馆
4 门厅效果
5 入口处效果

学校：天津美术学院　　2010届毕业设计　作者：张静、张越成、余刚毅　　指导教师：彭军、高颖

DIVERSE & ARTISTIC 异

the permanent theme exhibition hall in the art park / 艺术公园主题展览馆建筑与室内设计

天津现代艺术中心主题展览馆

The transform for old workshops (1937-2010) in TIANJIN FIRST CO-GENERATION PLANT

Section 6

1 门厅
2 图书展卖
3 一层常设展览馆
4 一层常设展览馆
5 顶层常设展览馆
6 底层常设展览馆

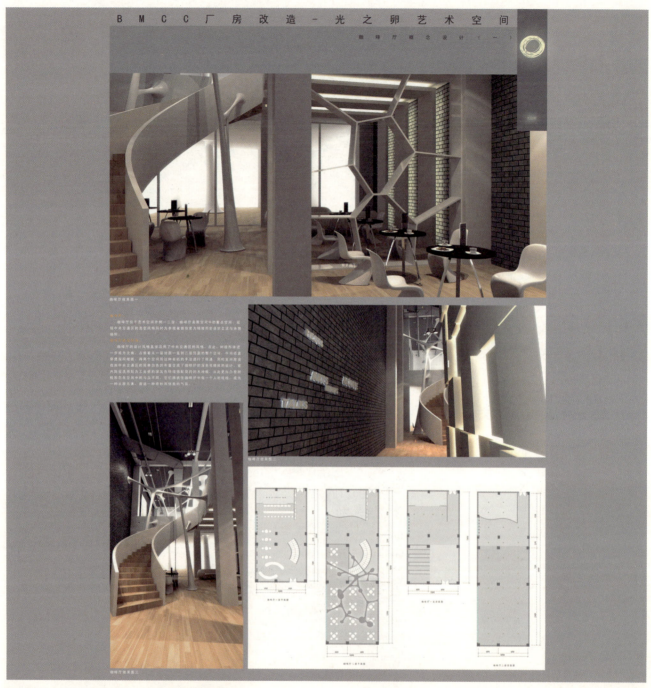

李贺 / 北京建筑工程学院　指导教师：滕学荣
BMCC改造项目室内方案设计——光之卵艺术中心

毕业设计类室内设计银奖

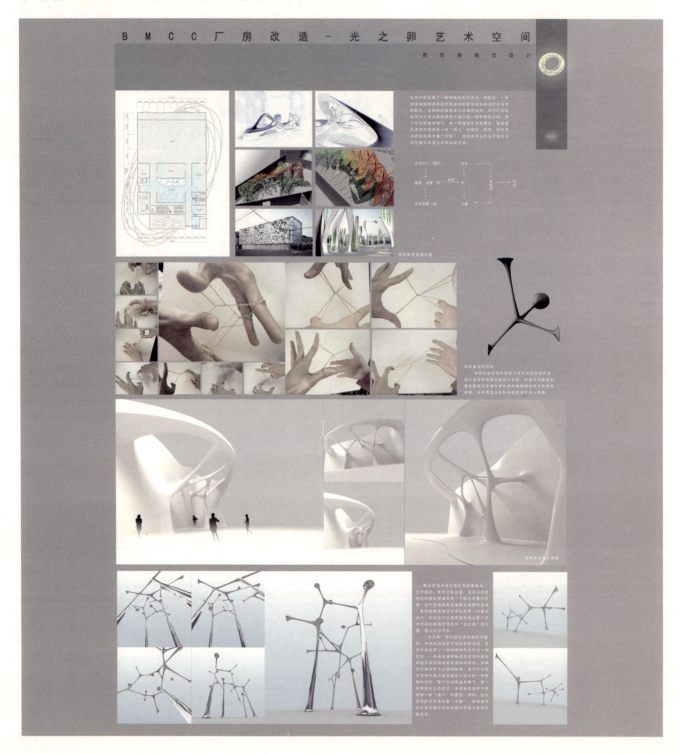

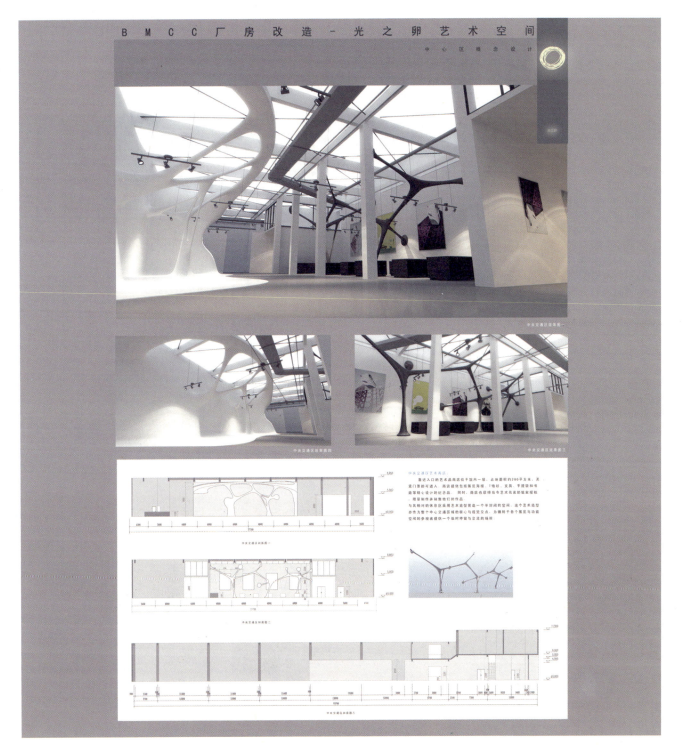

地域特色 | 建筑与环境艺术设计专业 | 教学成果作品集（下）

内化的自然
——西藏巴松措度假酒店SPA空间设计

指导老师：傅祎（副教授） 韩涛（讲师） 韩文强（讲师）
学生：刘菁

总体部分

基地环境

小组工作流程　　空间组织规律

最终确定的体量模型

屋面研究　　公共空间初步意向

刘菁 / 中央美术学院　指导教师：傅祎、韩涛、韩文强
内化的自然——西藏巴松措度假村酒店SPA空间设计

毕业设计类室内设计银奖

毕业设计类作品

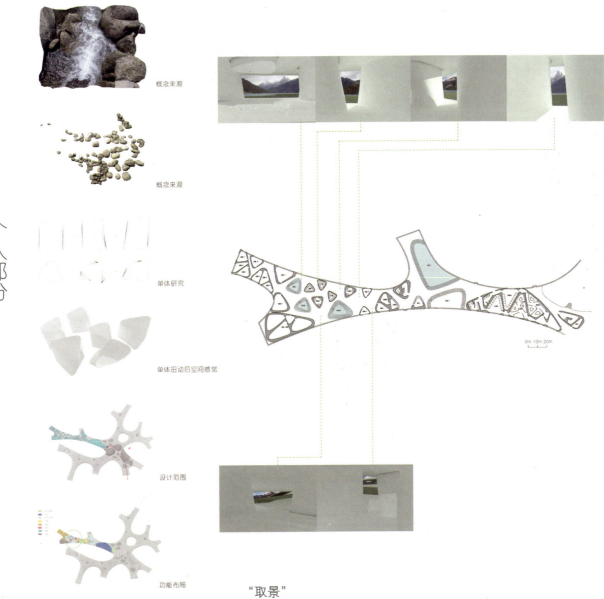

个人部分

概念来源

概念来源

单体研究

单体扭动后空间感觉

设计范围

功能布局

主要设计部分平面图

"取景"

基地的周边环境非常优美，可以同时看见雪山和湖面，因此，我要将外部的景观引入我的室内环境之中，而如何把景介入到空间之中便是我始终贯彻的，于是我整理了石块的位置，通过设置内部空间的路径，使空间中的对景有更多的选择，让景观渗透到室内空间，每走一步景观都不一样，时大时小。

201/室内设计

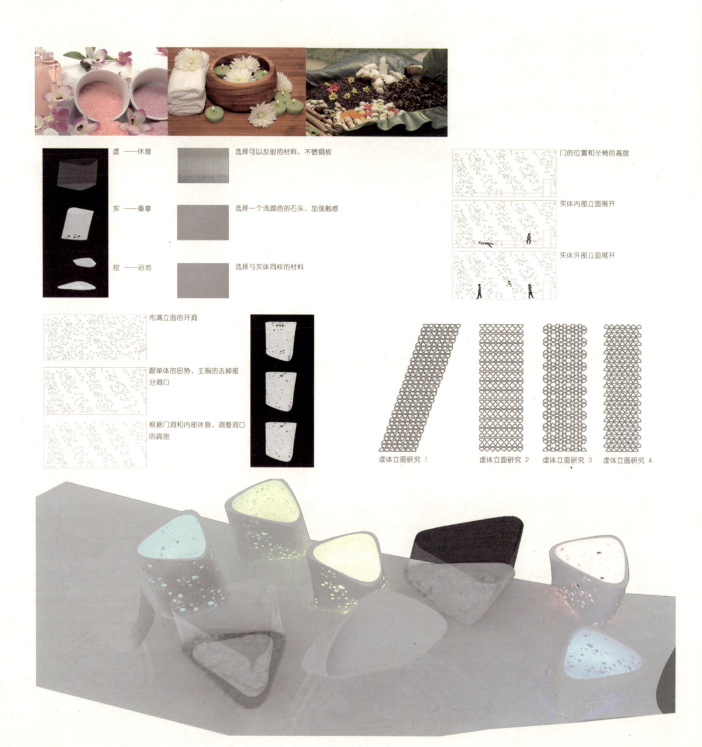

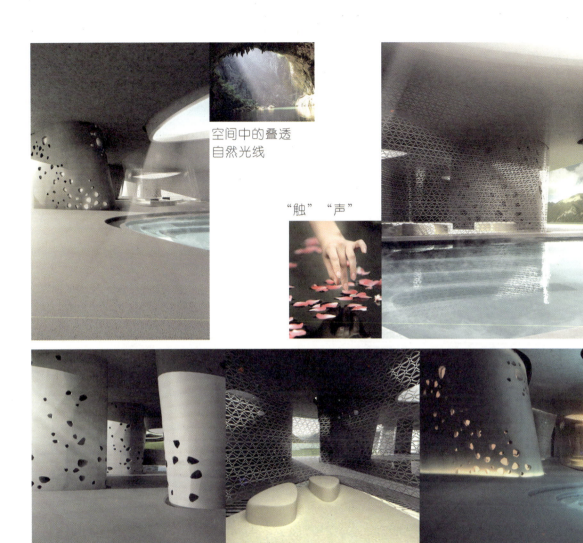

空间中的叠透
自然光线

"触" "声"

"形"　　　透过虚体看景观　　　"色"

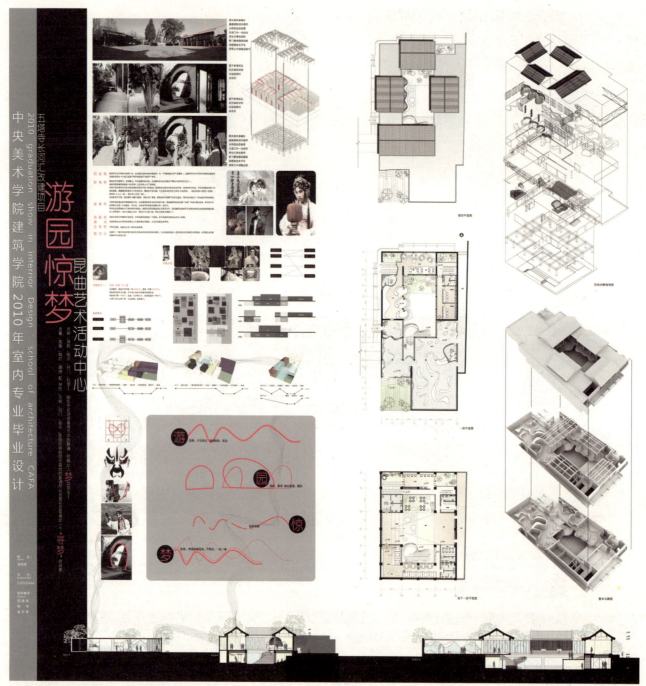

顾艳艳 / 中央美术学院　指导教师：邱晓葵、杨宇、崔冬晖

五塔寺长河汇古建改造——"游园惊梦"昆曲艺术活动中心

毕业设计类室内设计铜奖

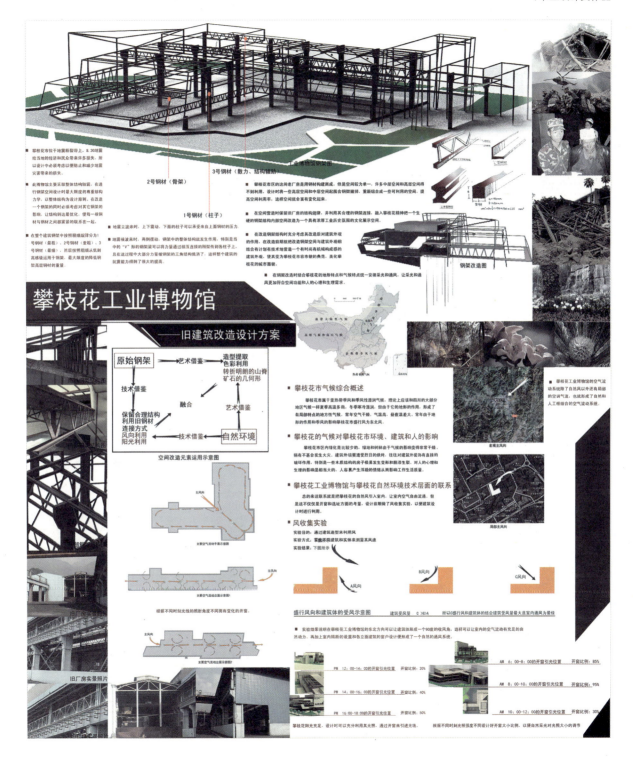

李颖宜 / 深圳职业技术学院　指导教师：陈峥强、庞东明
马里奥游戏体验中心

毕业设计类室内设计铜奖

马里奥塑像　　食人花游戏区

Welcome to our party!

2楼太空走廊

地域特色 | 建筑与环境艺术设计专业 | 教学成果作品集（下）

内蒙古馆 民俗文化展区展示设计方案
nei meng gu guan min su wen hua zhan qu zhan shi she ji fang an

内蒙古馆外观效果图二

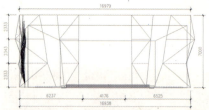

外观平立面图

夜景效果图

设计说明：
外观设计潜移默化融入了内蒙古的民族元素，一道道铁网模拟布料编织的形态，象征着洁白的哈达，夜景效果以草原绿色和草原的蓝天白云为主色。勾勒出了一幅草原美景。并应用到了蒙古族独有的文字，更加体现了地域性文化。

郝文凯／北方工业大学艺术学院　　指导教师：史习平
内蒙古馆展示设计

毕业设计类室内设计铜奖

毕业设计类作品

内蒙古馆民俗文化展区展示设计方案
nei meng gu guan min su wen hua zhan qu zhan shi she ji fang an

主展区平面图

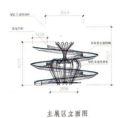

主展区立面图

主展厅效果

3大模型效果

主展厅设计元素： 狼图腾、星空、河流、勒勒车、蒙古包、沙漠、山脉

设计说明：
主展馆入口处墙面材料模拟了大漠美景，下面利用影像技术投射出万马奔腾的壮观景象，中间的主题造型模拟了奋力出头的水草，人站在下面望着星空看着狼图腾又是一道美妙的景象。同时这个平台还会有走秀，在规定时段会有蒙古族服饰的走秀，让观众欣赏蒙古族的服饰。

内蒙古馆 民俗文化展区展示设计方案

时光隧道展厅效果

设计说明：
　　时光隧道展厅模拟隧道形态建设而来，采用半透明玻璃砖材料，墙面会通过灯光幻影变化，让观众体验穿梭隧道的刺激感觉。
　　通过一段旋转影视墙讲述了蒙古族的民俗习惯，让观众在体验刺激的同时也了解这个民族的民俗文化。

立面图

平面布局

时光隧道展厅

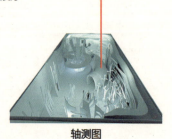

轴测图

3d大模型效果

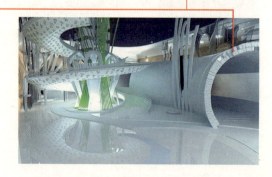

内蒙古馆 民俗文化展区展示设计方案

内蒙古馆 民俗文化展区展示设计

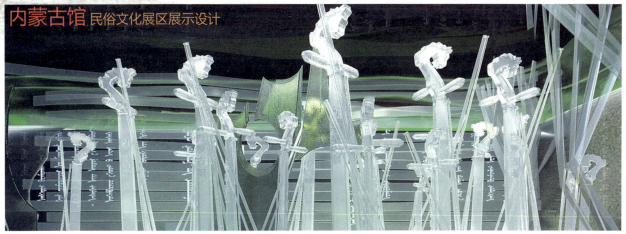

马头琴展厅效果

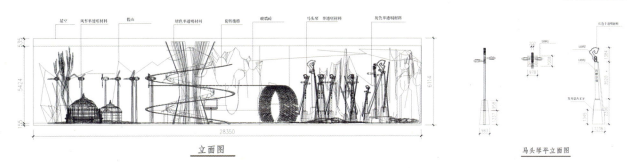

立面图　　马头琴平立面图

设计说明：
马头琴展区设计主题是围绕内蒙古的民俗文化，马头琴采用半透明材料，随着音乐的变化通过灯光及幻影技术演绎季节的交替，会有蝴蝶飞舞、落叶雪花飘飘的幻影，展现草原四季的美景，马头琴下面通过一些装置会跟随音乐节奏摇动，展现更动人的画面。

演绎季节变换

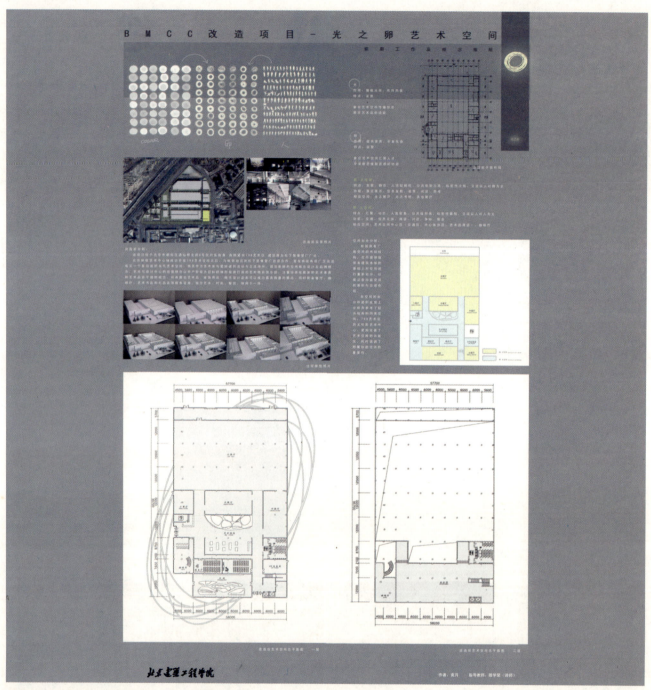

袁月 / 北京建筑工程学院　指导教师：滕学荣

BMCC改造项目室内方案设计——光之卵艺术中心

毕业设计类室内设计铜奖

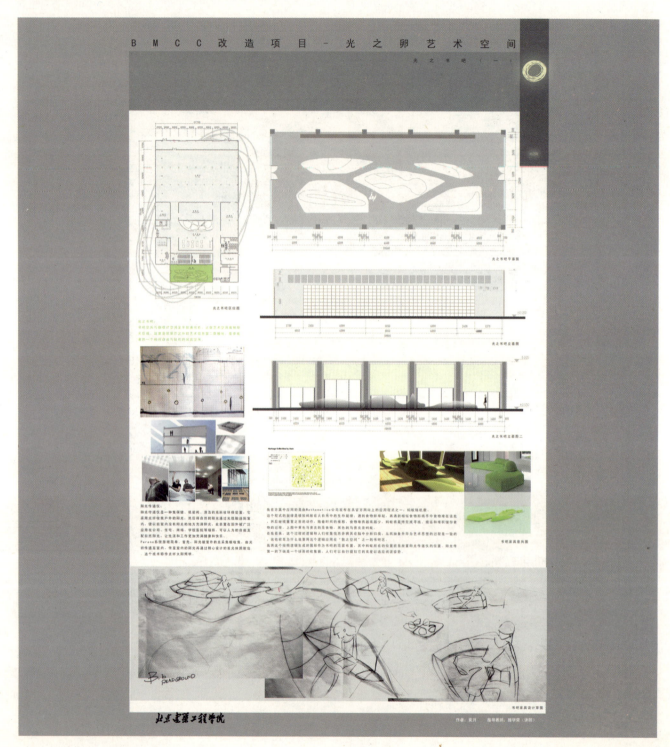

旧建筑改造——攀枝花美术馆设计方案

地域概况：
攀枝花位于四川省西南部，金沙江和雅砻江交汇处，地貌以山地为主，面积7434.5平方公里。攀枝花市北离成都749公里，南距昆明351公里，西至泸沽湖213公里、到丽江302公里，成昆铁路纵贯全境，攀枝花机场、高速公路相继建成，交通进出方便，到周边地区旅游景点均方便易行，现已成为川西南、滇西北黄金旅游线路的枢纽城市。东邻凉山州会理县，南靠云南省永仁县，西临云南省华坪县、宁蒗彝族自治县、北与凉山州德昌县、盐源县接壤，北距成都749公里，南接昆明351公里，是四川通往华南、东南亚沿边、沿海口岸的最近点，为"南方丝绸之路"上重要的交通枢纽和商贸物资集散地。地势西北高，东南低。

1 攀枝花在西南地区的位置
2 攀枝花市区的位置
3 项目区的位置

资源：
攀枝花市是四川一座得天独厚的自然资源宝库，这里有着丰富的矿产、水力和农业资源。已探明的钒钛磁铁矿储量达一百亿吨，是全国四大铁矿之一。矿石中共生的钒、钛储量，钒资源居全国第一，居世界第三位；钛资源居全世界第一位。煤的储量为十二亿吨。水力资源十分丰富。攀枝花市的气候条件和地形地貌适于发展立体农业，粮食作物一年三熟；出产芒果、香蕉、木瓜等热带水果。

气候概况：
攀枝花市属以南亚热带为基带的立体气候，具有夏季长、温度日变化大、四季不分明、气候干燥、降雨集中、日照多、太阳辐射强、气候垂直差异显著等特征。
一、气温：河谷地区全年无冬，最冷月平均气温在10℃以上。气温年较差小而日较差大，年平均气温19.0℃～21.0℃。年≥10℃的积温6600～7500℃。
二、日照：全年日照2300～2700小时。
三、年总降水量760～1200毫米，全年分干、雨两季，降水量高度集中在雨季（6～10月），雨季降雨量占年降雨量的90%左右。从河谷到高山具有南亚热带至温带的多种气候类型。

场地分析
问题一
该项目基地位于攀枝花学院内，由于原来的体育馆建造的时间有一些年限，且周围建有相应的排球、篮球场等体育场所，导致原有的功能老化、利用率较差。
问题二
由于时间的推移，环境的加剧，体育馆已今非昔比，更加不能满足现在的环保与节能。
问题三
该体育馆距离周围的学生宿舍和老师宿舍以及办公区域较近，而距离其他体育场所较远，因此对其周围有一定的影响。

解决办法：

教师办公 → 该校办公区域已足够，且该体育馆附近也有办公区域，没有必要再改造

美术馆 → 优势：一、可供学生、老师以及学者等爱艺术的人进行学术交流和学习
　　　　　二、该基地地理位置较周围的环境地势高，环境幽静，适合美术馆的改造
　　　　　三、通过改造可以使该建筑达到环保、节能以及成为攀枝花市的地标性建筑

超市 → 学生公寓附近已有生活超市且距离学生公寓较近，没必要在建造了

1、学生宿舍　2、篮球场　3、教师宿舍
4、排球场　　5、第一教学楼　6、艺术学院办公区

"峰"回路转
Feng hui lu zhuan

01

刘继桥、黄燕、吴羚毓 / 攀枝花学院艺术学院　指导教师：姜龙、廖梅
旧建筑改造——攀枝花美术馆设计方案

毕业设计类室内设计优秀奖

旧建筑改造——攀枝花美术馆设计方案

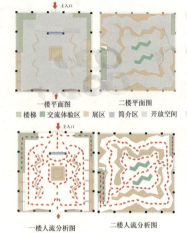

一楼平面图　二楼平面图
楼梯　交流体验区　展区　简介区　开放空间

一楼人流分析图　二楼人流分析图

设计元素与方案的结合

油画展区效果图（二）

展品陈列与视野的关系（水平）　展板陈列尺寸　辨识视界　陈列品视距调查表
展览陈列的功能分为陈列和服务，但是要达到最佳展示效果和人的最佳舒适度，尺寸的大小却起着关键性的作用。
陈列位置初读　眼睛的视界

攀枝花地貌　金沙江　攀西大裂谷　攀枝花铁矿石

展区效果图

交流体验区效果图

设计空间说明：

整个空间设计无论是从进门的简介区，还是到二楼的交流区都将攀枝花的地形地貌、气候资源和攀枝花的人文情怀等特点充分体现了出来，把抽象的攀枝花缩小在这个美术馆内，在追求美观造型的同时，在对疏散人流、参观路线、交流体验区、展示区、甚至灯光布置等都经过精心考虑设计的，让每个参观者进入该美术馆都能更直白地了解攀枝花，了解攀枝花美术馆。

"峰"回路转
Feng hui lu zhuan

大厅入口效果图（1）

简介区效果图

国画展区效果图（一）

国画展区效果图（二）　展示大道效果图

旧建筑改造——攀枝花美术馆设计方案

03

B-Shadow 概念酒店設計
個性酒店新模式的探討與研究

B₁ 概念總述

方向選擇

面對個性的東西,我覺得可以根據自己的喜好與想法自由去做。平常喜歡關注中國的設計和中國元素設計發展與創新的我,當看到這個畢業課題的時,無論從基地條件還是其他各方向的情況來看都覺得挺符合我的想法。所以決定自然而然地選擇了這個個性酒店設計。因為平時我比較喜歡以探討和研究的方式去做設計。這樣不僅僅可以學到多多的東西,最主要的是能在了解問題的同時提前新的觀點。這也是我們應該掌握的一種習慣和思考方式。

設計前思考
1. 什么是個性酒店
2. 中國元素在酒店中的運用
3. 中國式酒店的設計現狀

設計理念
結合生態理念,創造出后中國風設計以意取勝

B₂ 酒店解讀

關鍵詞/中國酒店現狀

1. 大批酒店設計千篇一律,缺乏特色和創意。在中國各大城市眾多的星級酒店,無論是酒店規劃、建築設計、功能布局到室內風格、手法、材料及室客房的模式都驚人的相似,導致經營銳敗,競爭無力,給國家和投資方造成大筆的損失。

2. 室內設計重視牆面裝飾,每個空間沒有太大的特色

關鍵詞/中國元素的繼承

中國元素的繼承在很多地是在表面上,一般都是"搬來搬去",沒有突破性也沒有新的創新

B₃ 思想解讀

關鍵詞/新思路

任務書解讀
1. 習慣用傳統元素符號堆砌
2. 中國元素認知的片面性,缺乏深度

任務書解讀
1. 習慣用傳統元素符號堆砌
2. 中國元素認知的片面性,缺乏深度

新思考:要做中國的原創設計,要表達現代的中國風包括傳統文化,不要只是愚昧地用那幾種元素符號,要重新去開發,開發自己的思想和靈魂。

新理念——打破原來的條案圓椅式的中國風,用現代的表現手法結合中國意的表現和元素意的表達來表現新中國風(后中國風時代)

新元素——打破原來的陳舊觀念和元素,從設計固有的觀念出發,表現出唐的元素。

新生態——打破原來的室內景觀。室內景觀在真正的意義上是起不了多大的生態作用,我們只有尊重環境,結合地形和各方面的自然條件去設計才能做到真正的生態。

B₄ 方案解讀

關鍵詞/概念 建築 室內

概念衍生

中國 精神 元素 + 重慶 地區

(竹,在中國人的心目中,與松、梅一樣有很高的地位,被稱為"歲寒三友",它象征着高潔、虛心、堅韌等品格,歷來受到人們的喜愛。)

(竹文化)

竹林 竹林下的陽光 +光與影是建築空間表現造型藝術的重要手段

竹 → 現實形態(具象) → 人為形 / 自然形
   → 理念形態(抽象) → 幾何形 / 有機形 / 偶然形

→ 具象 → 外形 / 中空
→ 抽象 → 幾何 / 有機 偶然

梁宗敏 / 深圳大学艺术设计学院 指导教师:邹明
B-Shadow概念酒店设计
毕业设计类室内设计优秀奖

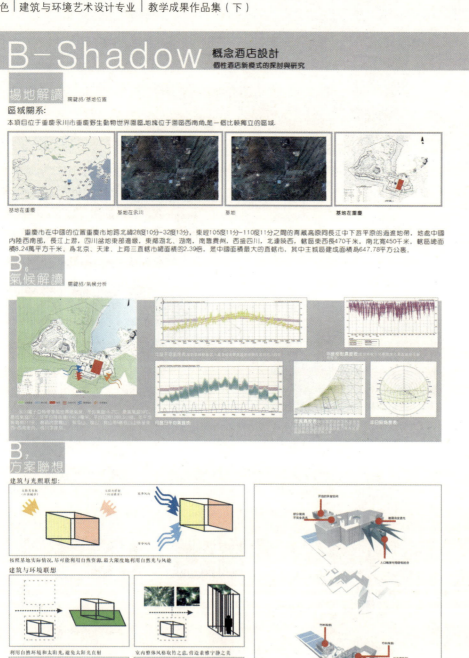

B-Shadow 概念酒店設計

個性酒店新模式的探討與研究

場地解讀

入口:竹葉的抽象幾何形,讓雨篷的功能與藝術結合

     以形之意化光之表達

大堂:形態的抽象與具象相結合,通過光的表達,從而形式"竹林"之意

  以形之意化光之表達

休息區:打破傳統的休息概念,用竹林之意,抽象的竹杆,無序的排列

   以形之意化光之表達

過道:用"竹竿"無序的排列為頂,在陽光的照射下形成有趣的空間

   以形之意化光之表達

咖啡廳:無序的竹竿圍成竹林,與周邊的環境融為一體,讓你感受和觀賞自然之美和寧靜樸素之美

一層平面圖

1 入口效果圖

建築與雕塑相結合,用雕塑來做建築的雨篷

B-Shadow 概念酒店設計
個性酒店新模式的探討與研究

2 大堂效果圖

簡潔的形態,樸素的色調,從頂棚透過絲絲的陽光,讓你感受到無比的自然與舒適

3 接待臺效果圖

素雅寧靜的環境,讓你覺得在這裏的每一種消費都值得

4 咖啡廳效果圖

坐在這裏,品嚐着手中的咖啡,欣賞周圍的美麗景色,感受着自然的氣息,會讓你流連忘返

B-Shadow 概念酒店設計
個性酒店新模式的探討與研究

5
咖啡廳效果圖

"深林人不知,明月來相照"正是此處的寫照了

6/7
8/9

6 竹影長廊
7 意象竹林
8 小休息區
9 陳設

梁宗敏
Q:362358955
T:13798250563
廣東省深圳大學藝術設計學院

地域特色 | 建筑与环境艺术设计专业 | 教学成果作品集（下）

汉字艺术文化展示中心

壹 设计说明

本案是对民族文化在室内设计中的继承与发扬的一次探索，对于传统建筑的基本形制与精神内涵以中而新的设计语言进行了诠释。在设计理念上从汉字本身的构成角度对展示空间进行重构和划分，形成方空间，圆空间和三角空间，力求达到形式上和功能上的统一，并依据汉字美学发展的脉络和特点形成参观流线和展示主题。当人们徜徉于汉字的空间之中，阵阵书卷香气和清新秀丽的江南绿意迎面而来，仿佛我们又回到了那诗情画意的悠悠水乡……

大堂

老北京四合院的平面布局 ＋ 江南徽派建筑的形制意蕴

贰 概念分析

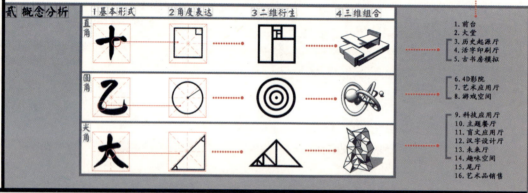

1. 前台
2. 大堂
3. 历史起源厅
4. 活字印刷厅
5. 古书房模拟
6. 4D影院
7. 艺术应用厅
8. 游戏空间
9. 科技应用厅
10. 主题餐厅
11. 盲文应用厅
12. 汉字设计厅
13. 未来厅
14. 趣味空间
15. 尾厅
16. 艺术品销售

叁 流线分区

一层　　　二层　　　参观流线

杨超 / 北方工业大学艺术学院　指导教师：全进、李沙
汉字艺术文化展示中心

毕业设计类室内设计优秀奖

肆 方空间

方空间的设计以汉字笔画中构成的方形为基础，利用不同的方形形态及其衍生形态产生了丰富的空间效果。与不同时期汉字的多种表现形式的紧密结合突出了展示主题，并根据每个展厅主题的不同设定了不同展示方式，在达到功能的同时也给观者以新鲜震撼的视觉体验。

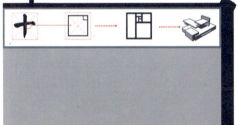

1. 历史起源厅
   照度
2. 活字印刷厅
   照度
3. 古书房模拟
   照度

方空间区域

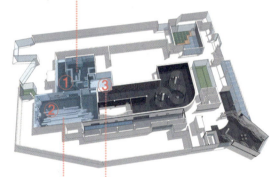

伍 圆空间

圆空间的设计以汉字笔画中构成的圆弧形为基础，利用不同的圆弧构成了展示空间的基本构架。书法艺术厅的内敛沉稳的空间个性与游戏体验空间飘逸自由的空间个性形成对比，在视觉上起到了调节作用并符合了各自空间的功能特性。

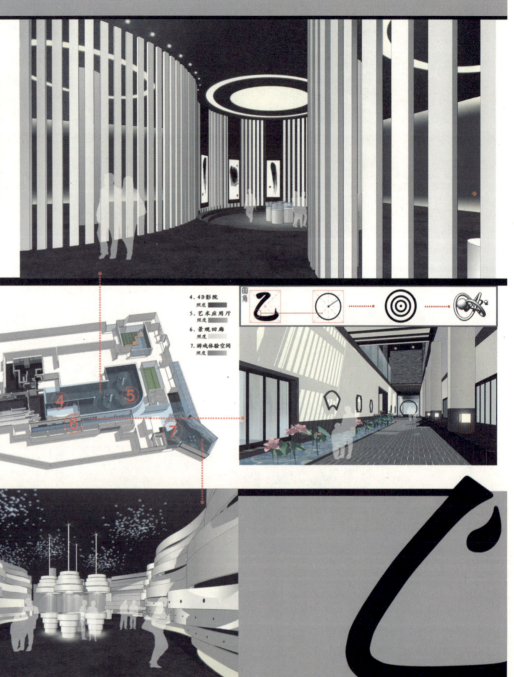

圆空间区域

4. 4D影院 照度
5. 艺术应用厅 照度
6. 景观回廊 照度
7. 游戏体验空间 照度

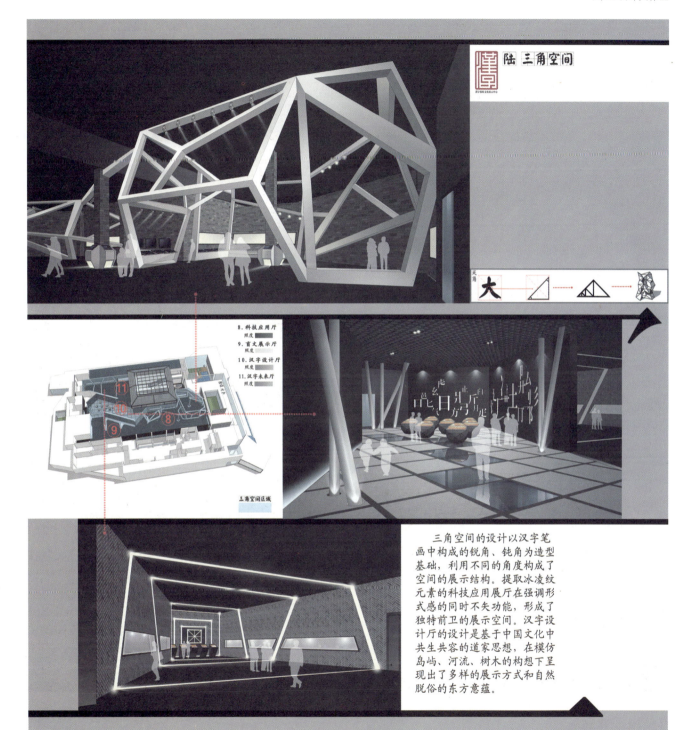

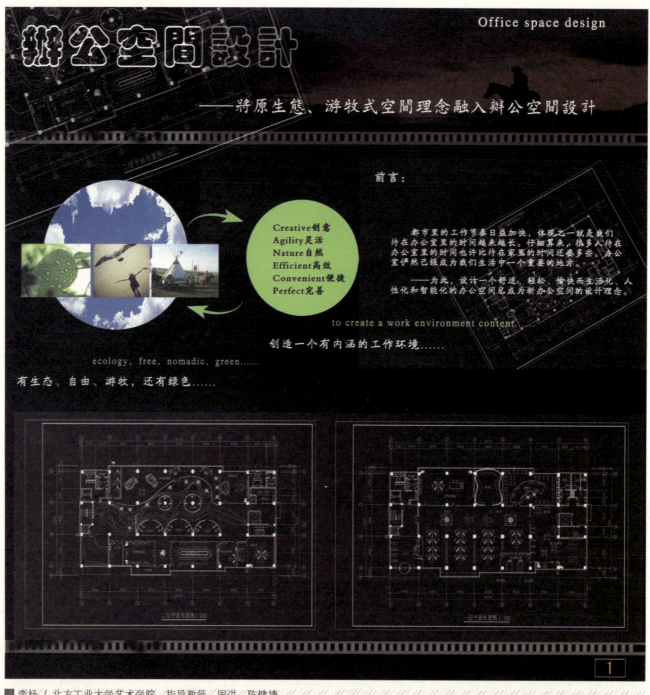

地域特色 | 建筑与环境艺术设计专业 | 教学成果作品集（下）

石脉

南安石脉快捷酒店室内空间设计

地域及人文环境

南安市位于福建东南沿海闽南"金三角"中心区域，地处晋江中游，东接鲤城区、丰泽区、洛江区，东南与晋江市毗邻；南与厦门翔安区的大、小嶝岛及金门县隔海相望；西南与同安区交界；西通安溪县；北连永春县，东北与仙游县接壤。境内全境山峦起伏，河谷、盆地穿插其间，地势西北高，东南低，素有"七山一水二分田"之称，主要河道为东溪和西溪，南安地处亚热带，属南亚热带海洋性季风气候，"四序有花常见、一冬无雪却闻雷"是南安气候特点的形象概括。

南安是"中国建材之乡"。石材业是南安建材业中的"骨头"产业，南安矿产资源丰富，已探明储量的矿藏有花岗岩、辉绿岩、陶瓷土、高岭土、钽土、绢云母、紫砂土、泥煤、钨、锰、铁、铝、铜、钼、水晶、锌、磷等28种，第一大非金属矿藏花岗岩，储量约30亿立方米，年开采量约1000万立方米。其中产于丰州的"砻石"饮誉中外，北京毛主席纪念堂、厦门港海中覆鼎山上郑成功塑像、北京人民大会、南京中山陵等重要建筑都用它。除花岗岩外，第二大非金属矿藏高岭土，总储量达8700万吨，目前年开采量约50万吨。

设计分析

在设计上吸取本地的、民族的、民俗的风格的文化脉络，在具体的设计上不同地域有不同的表现形式。
1）符号————以石头的纹理脉络为符号，以透雕、浮雕形式灵活运用。
2）颜色————南方山清水秀，粉墙黛瓦。
3）材料————就地取材（石）。

设计定位

具有福建南安本土地域特色的快捷酒店。设计从以下几点进行分析：
1）展现地域特色
完全以花岗岩石为建筑材料的民居构成了泉州沿海民居住宅的独特风貌，由于当地盛产花岗岩，所以它得所当就地被作为一种价廉物美的建筑材料而得到广泛的应用，处处精雕细琢，处处流露出泉州人民对石头的特有感情。
2）经济发展优势
南安地形狭长，襟山傍海，风光旖旎，是新兴的海上体闲度假胜地，加上"贸洽会"和"石博会"汇聚的人流、物流、技术流、资金流和信息流，促使闽南建材第一市场的知名度、影响力和辐射力与日俱增，风采倍添，以石会友，让南安石材名闻天下！

设计说明

本方案中重点探讨南安民族地域文化内涵与室内设计的关系。在设计中以装饰符号、装饰色彩和材料来传达南安民族地域特色，延续传统文脉。本案中运用石头的纹理脉络为符号，让观者强烈的感受到了本土气息，将石头的纹理脉络具象化，立体化，在空间中不断的重复使用，是空间富有韵律美；运用石材的黑白灰为主色调；选用花岗岩大理石等石材为主要材料，以简约时尚的风格，摒弃繁琐奢华的设计手法，提炼出文化的内涵。

一层平面布置图　　二层顶棚布置图

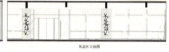

服务总台立面图　　休息区立面图

服务总台　　休息区

休息区　　大堂过道

张卫海 / 福建工程学院建筑与规划系　　指导教师：薛小敏

南安石脉快捷酒店室内空间改造设计

毕业设计类室内设计优秀奖

石脉

南安石脉快捷酒店室内空间设计

客房效果图

客房平面图

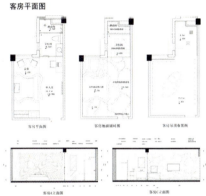

客房平面图　　客房地面铺装图　　客房吊顶布置图

客房A立面图　　客房立面图

设计说明

古人云："山无石不奇，水无石不清，园无石不秀，室无石不雅。"又说："赏石清心，赏石怡人，赏石益智，赏石陶情，赏石长寿"。

质：石质松、软、疏，表层粗糙，无光泽——粗犷美。质地纯正，无杂质，表面光滑、细腻——秀丽美。

形：圆——圆润、光滑之感；正三角造型——对称、均衡、平稳的舒适之感；倒三角形造型——险中求夷的惊奇感。

色：色为意生，意为色存，色、形、意完美统一。

纹：线条节奏明快，富有韵律、变化无穷、妙趣横生。

意：石的造型或图案所含的意境，有的意境深远，给人以遐想；有的明喇，给人以直率；有的博大，给人以开阔；有的含蓄，给人以思维；有的奇谲，给人以启迪。

概念推导

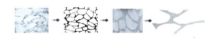

客房

自助餐厅

休息区

| 地域特色 | 建筑与环境艺术设计专业 | 教学成果作品集（下）

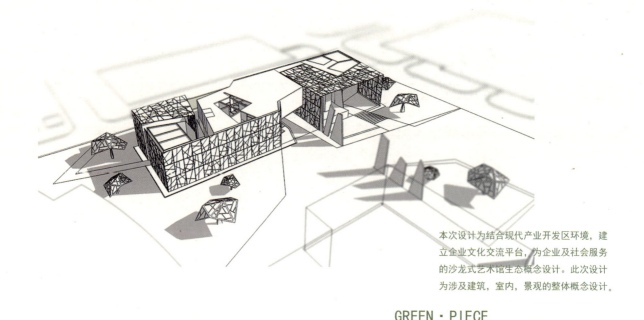

GREEN·PIECE
结合现代产业开发区环境的沙龙式艺术馆设计

天津大学06级艺术设计系一班：魏黎
指导教师：邱景亮/陈学文

本次设计为结合现代产业开发区环境，建立企业文化交流平台，为企业及社会服务的沙龙式艺术馆生态概念设计。此次设计为涉及建筑，室内，景观的整体概念设计。

GREEN·PIECE

作为本次设计的标题，着意体现绿色可持续措施在建筑，室内及景观设计中无处不在的重要性。"生态装置碎片"的广泛利用，形成整体的可持续性设计。从建筑外表皮与建筑主体结构，到循环水环境及植物盐碱改造，可持续性设计的思想贯穿始终，是本次设计的重中之重。

魏黎 / 天津大学建筑学院　指导教师：邱景亮、陈学文
Green·Piece结合新产业开发区环境的沙龙式艺术馆设计

毕业设计类室内设计优秀奖

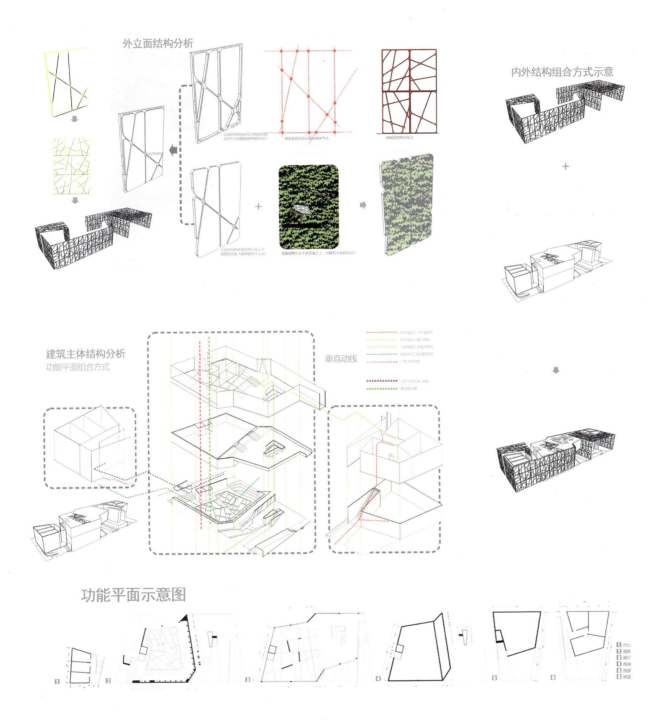

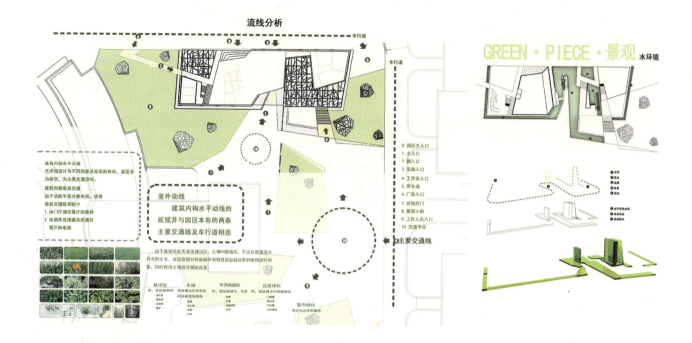

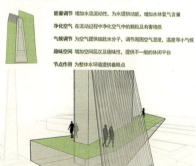

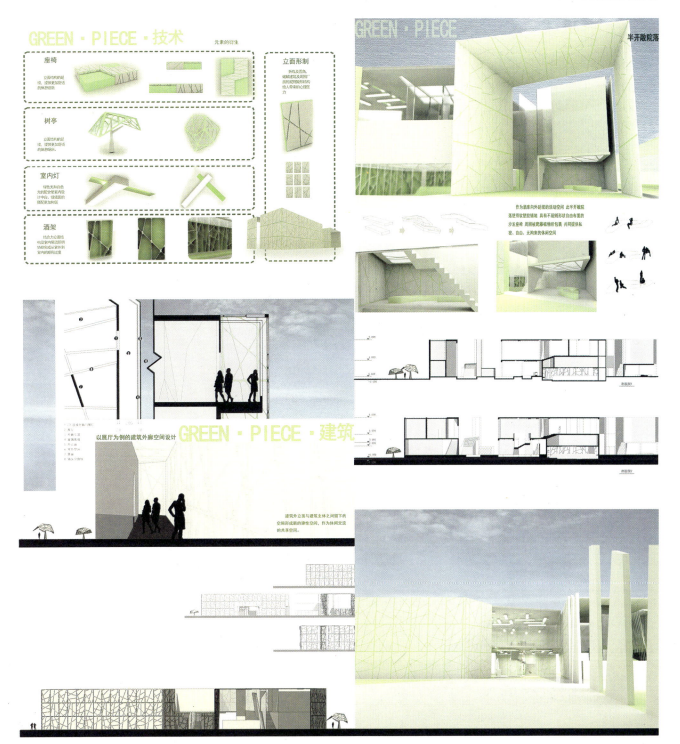

GREEN · PIECE · 景观

跌水休闲台

- 能量调节 增加水流流动性，为水提供动能，增加水体氧气含量
- 净化空气 在流动过程中净化空气中的颗粒及有害物质
- 气候调节 为空气提供细致水分子，调节周围空气湿度，温度等小气候
- 趣味空间 增加空间层次及趣味性，提供不一般的休闲平台
- 节点作用 为整体水环境提供着眼点

- 高差变化提供丰富视角变化

- 咨询台 卖全局的心理暗示，通过桥与入口通路相连
- 绿色背景墙 作为立面的延续 衬托出咨询台
- 尖的意向 象征蜗牛的生命力 似始至终陪伴攀爬的行人

- 酒架 立面结构的延伸 增加室内外空间的交流
- 出口 将室内的自由感延伸到室外
- 外部院落 设座椅 自由形制随机布置

酒库概念设计

酒库设计概念为森林，进入酒库，使人有种深入森林般的体验感，赤身裸体地接受酒与文化的熏陶。自由的平面加强空间体验，不设桌椅，席地而坐，使行为更加自由，通向小院的出口向现代文明过渡。

白城子——窑洞生态酒店设计

概念建筑篇

历史回顾：
统万城遗址屹立于榆林市无定河支流红柳河北岸。如今，统万城的废墟像一堆散落在荒原上的遗骨，在北方强烈的阳光下，发出耀眼的光芒，刺得人眼睛都不能睁开。当地人并不知道"统万城"这个略显典雅的名字，只因其城墙一片雪白，他们叫它白城子。

气候分析：
地貌——黄土丘陵沟壑地貌，平均海拔1000至1500米；气候——冬夏气温变化大，无霜期短年平均气温10度；降水——降水量400毫米左右；风向——常年西北风盛行，最大风速22米/秒；冬季平均标准冻深——1.5米，最大1.8米，最大积雪厚度39厘米。

窑洞诉说：
窑洞类型——靠山窑（也称靠崖窑）、下沉式窑洞（也称地下天井窑）、土坯拱窑和窑院式四种布局形式。

窑洞优点——(1)施工方便；(2)节俭材料；(3)冬暖夏凉，节约能源，生态环保；(4)节约耕地，窑顶可以行车走人，种庄稼。

窑洞缺点——(1)缺少空气对流。(2)不能营造大空间。

旅游风情：
这里有仰韶文化和龙山文化的遗址；有西北最大的道观所在地——佳县白云山、高原要塞——镇北台等，我国最大的沙漠淡水湖——神木红碱淖、以及陕西最大的摩崖石刻群——红石峡更为这座塞外名城增色不少。

元素提取：
窑洞、单坡屋顶、汉画象石、皮影、剪纸、腰鼓、秦腔、知青等。

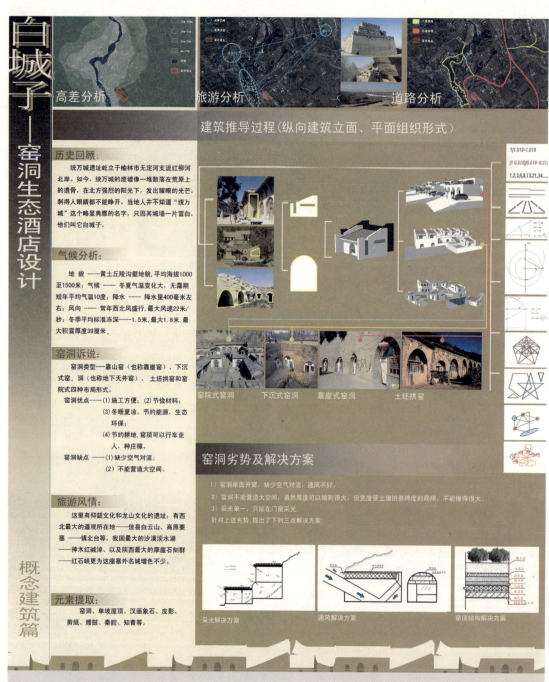

徐小兵、齐维、田艳美 / 天津美术学院　指导教师：朱小平、孙锦
白城子——窑洞生态酒店设计

毕业设计类室内设计优秀奖

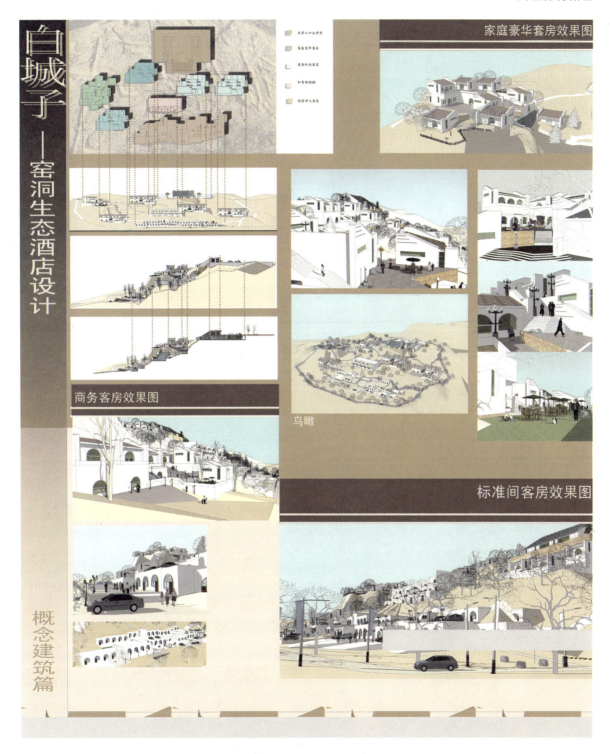

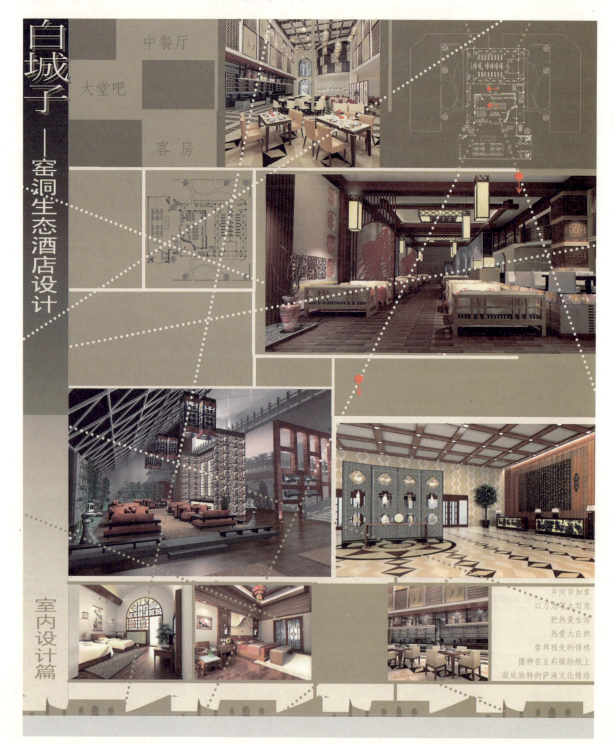

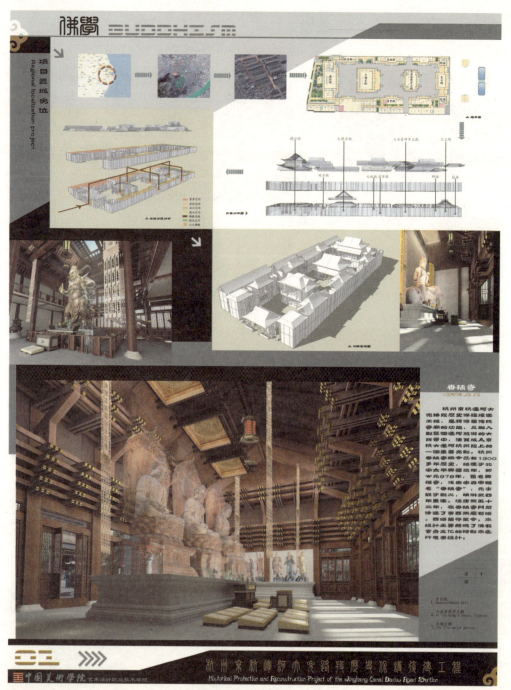

项建福、刘荣倡、罗照辉、余巧利 / 中国美术学院艺术设计职业技术学院　指导教师：孙洪涛

佛学——京杭运河大兜路段历史保护复建工程

毕业设计类室内设计优秀奖

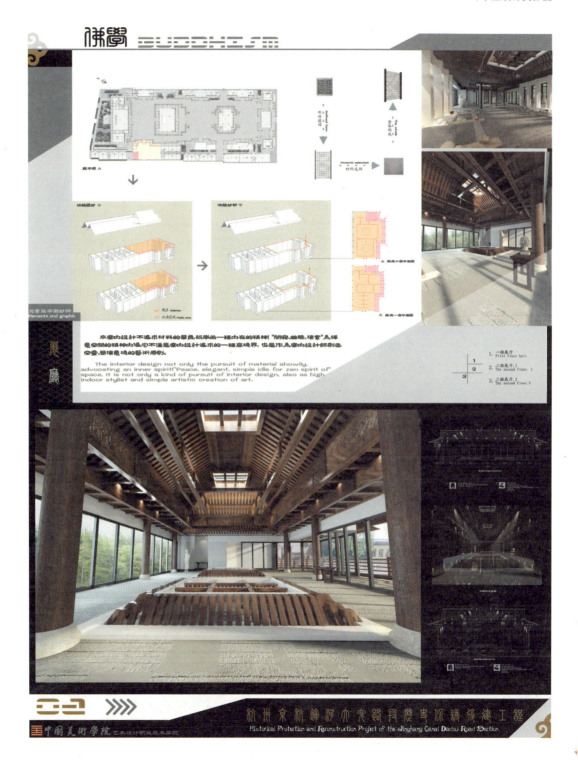

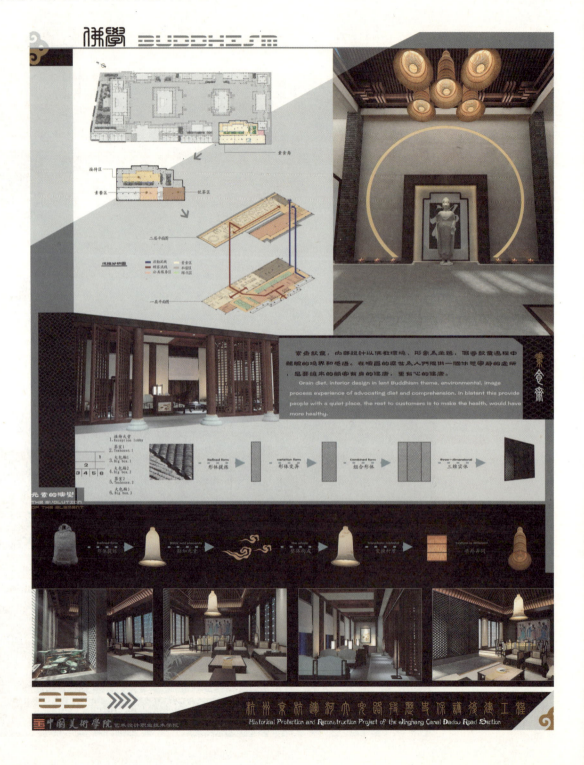

Shangrila
DESIGN
香格里拉藏族文化
旅游公交民族文化
方案设计

前言 随着人们的物质生活的丰富,现代化、城市化的推进,地方和民族的色彩逐渐淡化于人们视线,文化色彩越来越单一,越来越多的人们逃离自己盒子(家)出行旅游,本设计以旅游公交作为地方文化与民族色彩沟通的桥梁,把香格里拉地域文化应用在旅游公交的设计中,传播与体现藏族的文化特征,同时研究与解决现有公交的主要功能需求,给出行的人们一个具有地方与民族特色文化、安全舒适的出行环境,同时提高一个城市的文化底蕴。

民族的文化通常都带有本地民族的宗教色彩,通常宗教氛围比较重,一般应用在建筑当中,而本设计是带有公共性质,再根据我国的基本国情,宗教方面的文化一般不再广告式的宣传,而民族文化又根据不同的区域而有所变化,本方案采用的是香格里拉的藏族文化作为设计的重点,本方案在设计的过程中禁忌多多,旅游公交作为人们出行的工具,宗教禁忌方面的图腾以及色彩受到弱化,主要作出当地的色彩与旅行的深刻感受的反映。

在调研中,涉及的是少数民族的文化,由于接触的比较少,很多方面考虑还不周全,在查阅资料的期间,缺乏本设计方面的大量的资料,应用到现代设计当中的设计很少,主要以实地考察与调研以及一些学生的论文作为参考资料。

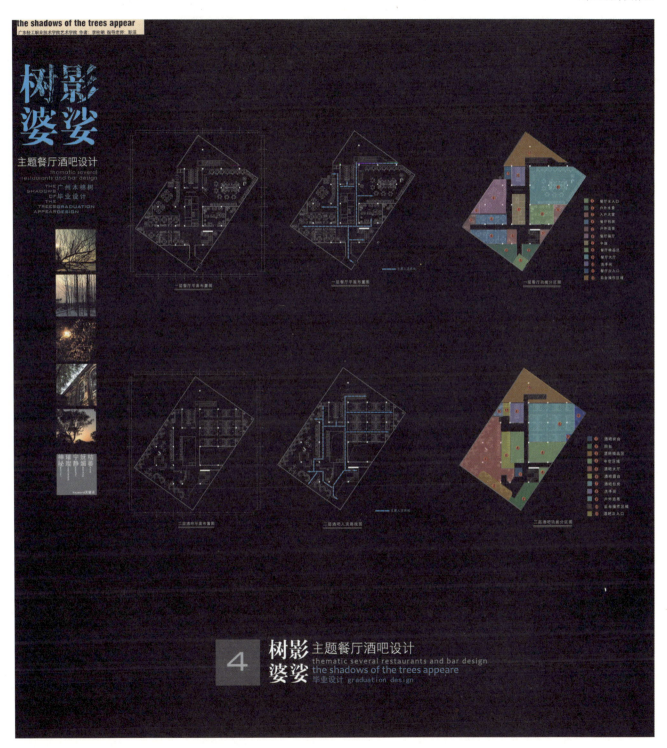

墨·意中国文化会所
Suzhou gardens' "Spatial imagery" use of modern Interior Design

设计者：肖菲（清华大学）

指导老师：
郑曙旸（教授）
崔笑声（副教授）

设计说明：

墨·意中国文化会所意在借中国苏州园林创造意境的手法创新现代室内空间，在对苏州园林造园精神内涵解读的同时，又加入设计者的理解。

墨·意中国文化会所主题明确，将设计的内容与中国传统苏州园林空间设计的理论，有机结合，主题突出，概念到方案的设计过程推导细致，表达了其"用中国文化的'意'，来创造中国空间的'境'"。

肖菲 / 清华大学美术学院　指导教师：郑曙旸、崔笑声
墨·意中国文化会所　　　　　　　　　　　　　　毕业设计类室内设计优秀奖

毕业设计类作品

墨·意中国文化会所
Suzhou gardens' "Spatial imagery" use of modern Interior Design

概念分解

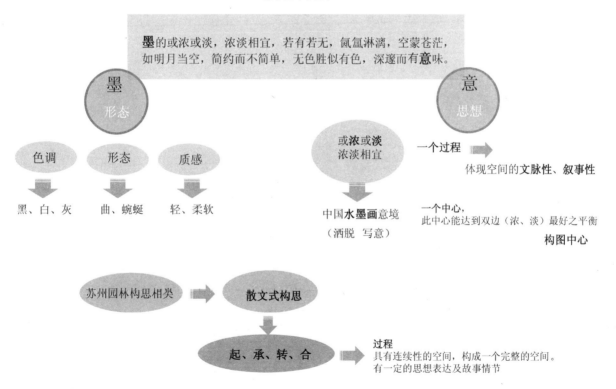

墨·意中国文化会所

起 → 入口　接待区　半入馆

"起" 入口、接待区、展示区，此区域起到由室外进入到室内的铺垫作用，是整个空间从外向内的过渡，重在演绎进入空间的第一氛围，让人进入空间之后，就进入"状态"。

承 → 翠袅堂　无纤室

"承" 茶艺区、棋艺区，此区域强调空间的承上启下，茶艺与棋艺同为空间中相对静谧的区域，有一定的功能交叉。此二区域可独立组成两个类似园林中的小庭院独立景观，借外部景观，"引景"、"泄景"。

转 → 翻墨轩　竹闲斋

"转" 书吧区、书画区，此区域为整个空间中相对边沿的空间，环境清雅，适宜作画读书，园林中书斋、画轩都为空间中清幽之环境。此区在强调空间延续性的同时，加大了空间的私密与安定性。在整个空间中较为深远，动线较长，起到"转入"的效果，空间氛围有清净淡薄之感。

合 → 疏影阁—古乐—昆曲　吟啸馆

"合" 中式餐厅、演奏区，此区域为空间中最精彩的部分，在空间中起主导作用，同时围绕中庭的中心水域为整个空间的"构图中心"。此区域又有细微的空间动静分区，以演奏区为中心的局部构图为古典乐与昆曲练唱区为此处的静区，以中餐区域与公众休闲，为此空间中的动区。

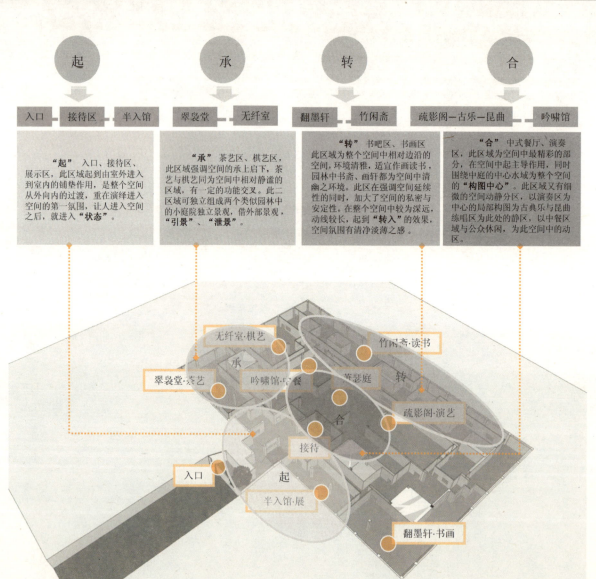

毕业设计类作品

墨·意中国文化会所

• 空间重点设计部分

视觉轴线分析：

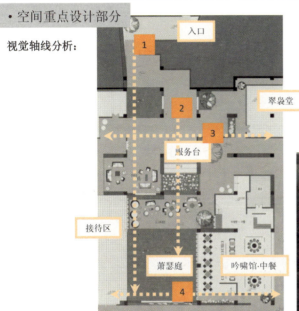

疏影阁

吟啸馆

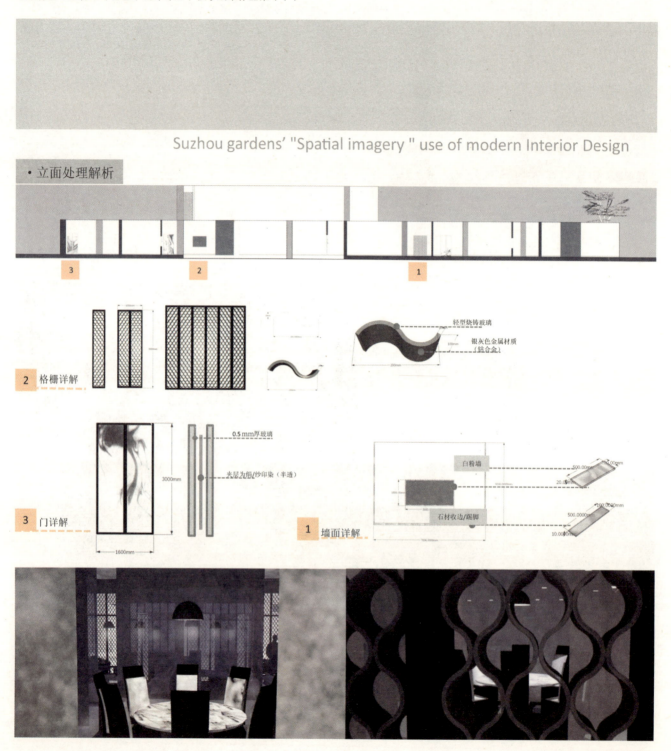

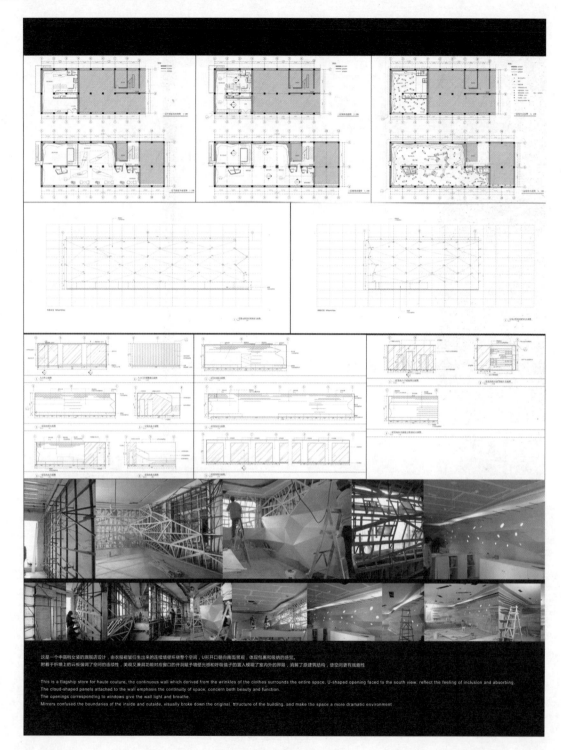

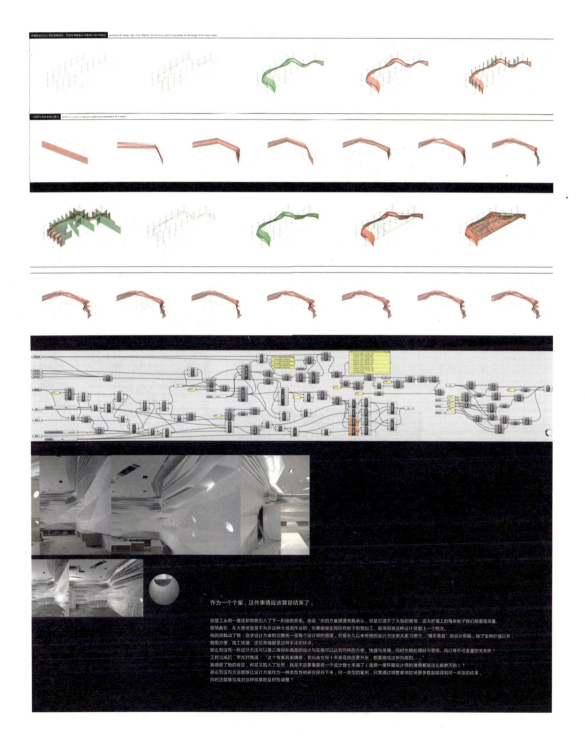

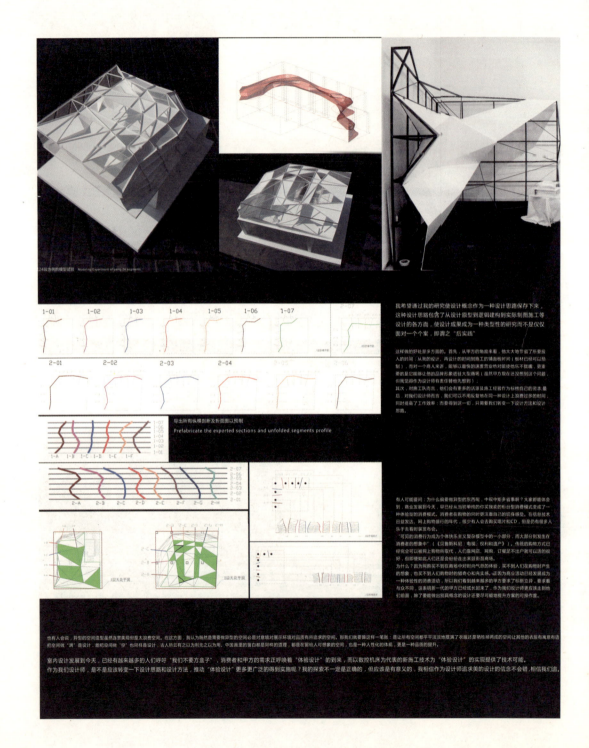

毕业设计类作品

感谢院校支持（排名不分先后）

东南大学建筑学院	中央美术学院
深圳职业技术学院	清华大学美术学院
顺德职业技术学院	中国美术学院
河北科技师范学院	鲁迅美术学院
西北农林科技大学	天津美术学院
湖南师范大学美术学院	广州美术学院
湖北师范学院美术学院	四川美术学院
深圳大学艺术设计学院	上海大学美术学院
华南农业大学艺术学院	湖北美术学院
福建农林大学艺术学院	西安美术学院
浙江树人大学艺术学院	天津大学建筑学院
福建师范大学美术学院	山东工艺美术学院
河南农业大学华豫学院	南开大学
广东轻工职业技术学院	江南大学
无锡工艺职业技术学院	东华大学
西南林业大学	海南大学
重庆教育学院	海南师范大学
华中科技大学	北方工业大学
广西生态工程职业技术学院	浙江科技学院
攀枝花学院艺术设计学院	北京理工大学
浙江理工大学艺术与设计学院	沈阳建筑大学
苏州大学金螳螂建筑与城市环境学院	北京交通大学
中国美院艺术设计职业技术学院	福建工程学院
北京建筑工程学院	天津城建学院
东北大学艺术学院	

图书在版编目(CIP)数据

地域特色　建筑与环境艺术设计专业教学成果作品集. 下　毕业设计 / 张梦主编. —北京：中国建筑工业出版社，2010.11
第七届全国高等美术院校建筑与环境艺术设计专业教学年会
　ISBN 978-7-112-12681-1

Ⅰ. ①地… Ⅱ. ①张… Ⅲ. ①建筑设计：环境设计-作品集-中国-现代　Ⅳ. ①TU-856

中国版本图书馆CIP数据核字（2010）第222573号

责任编辑：唐　旭　吴　绫　李东禧
责任设计：董建平
责任校对：张艳侠

第七届全国高等美术院校建筑与环境艺术设计专业教学年会
地域特色
建筑与环境艺术设计专业教学成果作品集（下）

毕业设计

主　编　张　梦

*

中国建筑工业出版社　出版、发行（北京西郊百万庄）
各地新华书店、建筑书店经销
北京图文天地制版印刷有限公司制版
北京方嘉彩色印刷有限责任公司印刷

*

开本：889×1194毫米　1/20　印张：13$\frac{4}{5}$　字数：386千字
2010年11月第一版　2010年11月第一次印刷
定价：78.00元
ISBN 978-7-112-12681-1
　　　（19908）

版权所有　翻印必究
如有印装质量问题，可寄本社退换
　（邮政编码　100037）